台灣實業

Talk with books. Talk with life.

台灣實業

Talk with books. Talk with life.

台灣實業

Talk with books. Talk with life.

台灣實業

Talk with books. Talk with life.

精英投資2

股票技術分析操作寶典

作者◎陳進忠　主編◎林明德

前言

　　全書共分為14章，分為4 個部分：一是基本理論分析，即1-4章，闡述了證券投資技術分析的產生、發展以及基礎分析的關係，道氏理論、波浪理論和黃金分割理論的基本內容及要點；二是基本圖形分析，即5-7章，根據基本原理，將證券市場價格的變化繪製成一定的圖形，來分析行情的變化特徵；三是基本形態分析，即8-10章，它是基本圖形分析的深化，是將盤整的變化情況反應在證券行情走勢圖上，以此來研判證券行情變化趨勢及規律；四是基本指標分析，即11-14章，主要是從價、量及其關係上來分析股價變動幅度、情形和心理趨勢，是將價、量和人氣心理有機地結合起來的分析方法。

　　本書在編寫過程中突出以下特點：系統介紹、內容新穎、圖文並茂。系統介紹，就是將反應證券技術分析基本知識、基本技能，簡明扼要地介紹出來；內容新穎就是不僅介紹國外證券技術的方法，而且特別注意緊密聯繫國內實際研究證券市場的新知識、新情況；圖文並茂，就是針對技術分析的特點，將枯燥的理論和圖形有機地結合起來，便於讀者理解和接受。

目錄

第一章 技術分析概述

第一節 技術分析的定義 ……………………9

第二節 技術分析與基礎分析 ……………17

第三節 技術分析的分類 …………………24

第二章 道氏理論

第一節 道氏理論的基本內容 ……………35

第二節 道氏理論的運用 …………………38

第三章 波浪理論

第一節 波浪理論的基本內容 ……………49

第二節 波浪理論的特殊形態 ……………54

第三節 波浪理論的基本原則 ……………68

第四章 黃金分割理論

第一節 斐波那奇序列數 …………………73

第二節 黃金分割率的運用 ………………76

第五章 K 線圖

第一節 K 線圖的基本內容 ………………87

第二節 K 線圖的研判 ……………………98

第六章 點數圖

第一節 點數圖的概念與圖形製作 ………133

第二節　點數圖的運用 ……………………………139

第七章　趨勢線

第一節　趨勢線的基本內容 ………………………147

第二節　趨勢線的應用 ……………………………154

第八章　反轉形態

第一節　頭肩形 ……………………………………161

第二節　雙重頂與雙重底 …………………………168

第三節　圓弧形 ……………………………………173

第四節　V 形及單（雙）日反轉 …………………177

第九章　整理形態

第一節　三角形 ……………………………………183

第二節　楔形 ………………………………………192

第三節　矩形、旗形 ………………………………197

第十章　缺口形態

第一節　缺口形態的基本內容 ……………………209

第二節　缺口形態的應用 …………………………216

第十一章　價的技術指標（上）

第一節　移動平均線（MA）………………………227

第二節　乖離率（BIAS）…………………………236

第三節　指數平滑異同移動平均線（MACD）………241

第十二章　價的技術指標（下）

第一節 相對強弱指數（RSI ）……………………………247

第二節 隨機指數（KD線） ……………………………254

第三節 動向指數（DMI）………………………………259

第四節 動量指標（MTM ） ……………………………266

第五節 拋物線轉向系統（SAR）………………………271

第六節 威廉指數（%R ）………………………………275

第十三章 量的技術指標

第一節 能量潮（OBV）…………………………………279

第二節 成交量比率（VR）………………………………286

第三節 指數點成交值（TAPI）…………………………288

第四節 逆時鐘曲線 ……………………………………290

第十四章 市場心理的技術指標

第一節 心理線（PSY ）…………………………………297

第二節 超買超賣指標（OBOS） ………………………299

第三節 騰落指數（ADL ）………………………………301

第四節 漲跌比率（ADR ）………………………………304

第一章 技術分析概述

　　學習和研究證券投資技術分析的理論和技巧，首先必須了解和掌握證券投資技術分析的基本概念和基本原理，比如：什麼是證券投資技術分析？技術分析是如何產生和發展的？它的理論依據是什麼？技術分析和基本分析有何區別和聯繫？技術分析有哪些優點和局限性？技術分析有哪些種類等問題。作為本書的導論部分，本章主要闡明和論述諸如此類的基本概念和基本原理。

第一節　技術分析的定義

一、技術分析的產生與發展

㈠ 技術分析的概念

　　基礎分析和技術分析是證券投資的兩大基本分析方法，也是證券投資者理性投資、科學決策必須掌握的工具。所謂證券投資技術分析，是指投資者運用圖表技術，把證券的市場價格、交易量的變化軌跡製成圖表，或者設計出專門的統計分析指標來分析和研究證券的價格、成交量的變化模式和變化規律，並透過對這些變化模式和規律的分析研究，來預測未來證券價格變化趨勢的專門分析方法。技術分析方法不研究證券市場價格變動的根本原因，只研究證券市場價格本身的變化趨勢。

㈡ 技術分析的產生與發展

技術分析是隨著證券投資市場的發展而逐步產生和發展的。由於證券投資技術分析具有分散性、隱蔽性的特點，我們雖然無從考證其具體產生於何年何月，但可以肯定技術分析方法的產生距今已有百年以上的歷史。

證券投資技術分析方法產生以後，隨著證券投資實踐和當今科學技術的發展，大體經歷了：從手工繪圖分析到電腦製圖、分析；從個人繪圖分析到多人（專門機構）製圖分析；從憑藉個人主觀經驗的感性分析、判斷到建立在現代數理統計科學理論基礎之上的理性分析、判斷；從單純的（成交）價、（交易）量的製圖分析到價量分析與專門統計指標繪圖，分析相結合；從主觀的定性分析預測到日趨客觀的定性和定量分析相結合進行分析預測的演變歷程。

由於證券市場和證券投資是商品經濟比較發達的產物，因此，技術分析理論也多源於經濟發達的西方國家，西方經濟學家和證券從業人士對證券市場的變化規律做出了大量的研究和探討，推動了證券投資技術分析理論的發展，按時間先後順序，技術分析理論大致經歷了以下幾個發展階段：

1. 道氏股價理論階段　道氏股價理論是理論界公認的最早也是最有名的技術分析理論。它由美國人查爾斯・道（Charles. H. Dow）於1890年首先提出，以後經他的繼承人威廉彼特‧哈米爾頓（William Peter Hamilton）將道氏理論發揚光大，使其至今仍是預測股票價格走勢的一種主要理論工具。這種理論認為股票價格雖然變化無常，但總是有規律可循的，股市的變動趨勢可以從市場上有代表性的股票價格的變動標示出來。它把股票價格的變動分為三種類型：一是基本趨勢；一是次級趨勢；一是短期趨勢。基本趨勢指股價全面上升或下降的變動情形，這種變動持續的時間常在1年以上，股價總升（降）的幅度超過了25％。次級趨勢是指股價上升或下降的幅度一般為基本趨勢的1/3和2/3，持續時間從3周到數月不等，由於次級趨勢常與主要趨勢的變動方向相反，並對其產生一定的牽制作用，因此也稱次級趨勢為修正趨勢。短期趨勢反應股價在幾天或幾個交易日內的變動，由於其變動十分頻繁，似乎沒有規律可循。所以道氏理論對它沒有過多的研究，但通常認為3個或3個以上的短期趨勢就構成了一個次級趨勢。不僅如此，道氏理論首創的道瓊斯股票價格平均數直到今天還為全球的投資、經濟界人士所關注。

　　2. 艾略特股價波浪理論階段　此理論由美國的經濟學家艾略特（R.N.Elliott）於1927年提出，他經過多年對華爾街股市變化的觀察研究，探索出了股市漲跌的規律，創立了一套比較完整的理論，並成為當今股票市場、期貨市場、外匯市場等波浪理論的經典。此理論認為： 股價是周期性波動的，在一個完整的股價波動循環中，通常要經過8個波段。例如在多頭市場中，一個循環分為8個波浪段，前5個看漲，後3個看跌。在看漲的前5個波浪段中，奇數序號的波段（第1、3、5波段）是上升的，偶數序號（第2、4）波段是下跌的，也稱為回檔整理。在下跌行情的3個波浪段中，第6、8是下跌的，第7是反彈整理。再比如在空頭市場中，前5個波段是下跌行情，後3個波段是上升行情。在下跌的5個波段中，第1、3、5是下跌，第2、4是回檔整理。在上升行情的3個波段中，第6、8是上升，第7是回檔整理。艾略特波浪理論至今仍為各國的技術分析專家所應用。

3. 心理分析階段　無論是道氏股價理論還是艾略特波浪理論都只是對股價變動的一種接近客觀的描述，至於為什麼會這樣，它們並沒有回答。著名經濟學家凱恩斯對此進行了深入的研究，並在1936年出版的驚世著作—《就業、利息和貨幣通論》中做出了論證，形成了技術分析理論的心理分析階段。凱恩斯的心理分析理論認為：在一般情況下，投資者都有默契遵守一條成規，除非有特殊理由預測未來會改變，否則人們將假定現存狀況將無限期繼續下去。這樣就可能使股價的變動在一定期限內保持相當的連續性和穩定性。另一方面，股市上投資者相互競爭、相互鬥智，從社會的觀點看，要使投資高明，只有增加我們對未來的了解；但從私人的觀點來看，最高明的投資，乃是先發制人、智奪眾人，把風險讓給別人。心理分析理論使技術分析更注重人氣心理。

4. 不確定性分析理論階段凱恩斯之後，隨著證券投資風險和風波的頻頻出現，技術分析專家和經濟學家們開始在技術分析中注重對不確定因素的分析，西方許多著名的經濟學家對此都有論著和見解。比如：亞當・史密斯的《貨幣博弈》（1967）和《超級貨幣》（1972）兩書中對技術分析的理論和方法都做了大量的探討；再比如著名經濟學家馬柯維茨（Hary M. Markwitz）、夏普（William F. Sharpe）、托賓（James Tobin）都對技術分析的理論和方法做過深入的研究，他們創立了現代證券組合理論，使證券投資技術分析的理論和方法更為進步和嚴密，前兩位也因此而獲得了諾貝爾經濟學獎。

技術分析理論的發展歷程說明：隨著證券投資實踐和現代科學技術的迅速發展，技術分析的理論和方法日益進步和完善，技術分析也愈來愈受到人們的關注和青睞。

二、技術分析的意義

近30年來，證券投資專家們在證券市場上運用技術分析方法取得了輝煌成就，吸引著愈來愈多的證券投資散戶和機構投資者競相仿傚，樂此不疲。技術分析方法究竟有何神奇功效，或者換句話說，技術分析方法對投資者有何意義呢？

第一，借助於技術分析可以使投資者較為科學地確定買入賣出證券的最佳時機。基本分析得出的結論雖帶有預見性，但不能確定何時為買入賣出的最佳時機，只根據基本分析方法得出的結論進入投資，往往易造成過早入市，有可能帶來損失。比如：根據基本分析，從長期來看某種證券的價格會上升，如果在基礎分析結論出來後立即買進，則虧損很難避免，因為在價格上升之前也許會有短期下跌。看準大勢很重要，但選準入市時機尤為重要。股市中有句名言"何時買賣比買賣何種股票更為重要" 就充分說明了技術分析方法在證券投資實踐中的作用。

第二，技術分析可以反應市場心理和情緒，從而作為判斷漲跌方向的領先指標。因為活動在證券市場中人們的心理、情緒必然對證券行情產生重大影響。而基本分析是一種純邏輯分析方法，很難準確預測到人們心理、情緒的變化對證券行情的影響。而技術分析方法以綜合了各種影響因素共同作用之後的證券市場價格作為研判標準，自然能反應出投資者心理、情緒的變化對證券行情的影響，因而技術分析方法得出的結論往往可以作為判斷漲跌方向的領先指標。

第三，技術分析為基礎分析提供了檢驗工具和警覺信號。技術分析可以用來檢驗或證實基礎分析方法所得出結論的正確性和完整性，它可以給投資者提供實戰交易指導。

第四，技術分析方法是一種通用的分析方法，具有廣泛的應用範圍和推廣價值。技術分析方法已有百餘年的歷史，近30年來發展十分迅速，電腦的普及更增加了其應用的廣泛性，各種新的計算、分析方法也層出不窮。技術分析方法不僅適用於證券投資分析，而且廣泛適用於期貨交易、期權交易以及匯率交易等方面，所以說技術分析方法具有較為廣泛和普遍的應用範圍和推廣價值。

三、技術分析的理論依據

　　技術分析是建立在一定的理論假設基礎之上的。西方經濟學中這些理論假設類似於中國的“公理”，因此技術分析的理論假設即技術分析的理論依據。根據西方技術分析專家的觀點（主要是愛德華Robert D. Edwards）和梅紀（John Magee的觀點），技術分析的理論依據主要是：

　　1. 證券市場上各種證券的價格主要是由證券的供給和需求的關係決定的，當然，並不排除其他因素對證券價格的影響。當證券市場上對某種證券的需求大於對該種證券的供給時，則其價格會呈上升趨勢；當證券市場上對該種證券的供給大於對它的需求時，則其價格呈下降趨勢。

　　2. 市場行為能反應一切信息　這裏的市場行為是指證券交易的價格、成交量、漲跌家數和漲跌時間的長短等因素。技術分析者認為證券投資者在決定交易行為時，已經仔細考慮到影響證券價格的各種因素，如公司的經營狀況、發展前景、政府政策、市場心理，經濟、政治形勢等，才進行證券的買賣交易，因而形成了特定的交易價格、交易量及漲跌家數、漲跌時間的長短等市場行為。故只需分析和研究這些市場行為就能了解和掌握目前的市場狀況，而無須搜尋和分析其背後的影響因素。

3. 證券的價格呈趨勢形態變動趨勢是技術分析方法的一個重要概念，根據物理學上的動力法則，趨勢的運行將會繼續，直到有反轉的現象發生為止。實際上價格的趨勢呈上下波動變化，但終究是朝一定的方向（上升、下跌、盤整）前進的，因此，技術分析者認為可以利用技術指標或圖形的分析，盡早確認目前的價格趨勢及發現反轉的訊息，以掌握買賣時機，隨時進行交易並獲利。

4. 歷史經常重演　技術分析人士認為：證券投資無非是一種追求利潤的行為，無論是昨天、今天還是明天，這個目的都不會改變。因此，在這種投資心理的驅使下，人類的證券交易行為將趨於一定模式，從而導致歷史會經常重演。所以，一旦目前的價格變動方式呈現出過去價格變動的模式的特徵時，可能顯示著其價格變動趨勢也會與歷史上的變化相一致，因此證券的市場價格和個別證券的價格可以透過圖形或指標來預測。

技術分析方法基於上述四項理論依據，才得以作為判斷行情的有效方法。學習者必須融會貫通、靈活運用，才能正確分析和預測。

第二節　技術分析與基礎分析

一、技術分析與基礎分析的關係

㈠ 技術分析與基礎分析的區別

技術分析和基礎分析是兩種重要的證券投資分析方法，二者有著本質區別。如前所述，技術分析是指投資者運用圖表技術，把證券的市場價格、交易量的變化軌跡製成圖表，或者設計出專門的統計分析指標來分析和研究證券價格、成交量的變化模式和變化規律，透過對這些變化模式和變化規律的分析和研究，來預測證券價格在未來較短時間內的變化趨勢，以捕捉最佳買賣時機的專門分析方法；而基礎分析則是透過對影響證券價格的各種因素及它們與證券市場價格的關係出發，分析和研究證券市場價格未來變化趨勢的專門分析方法。二者的區別具體體現在以下幾個方面：

1. 分析的依據不同　技術分析依據的是現在和過去證券市場價格的變化模式和變化規律，它的基本理論依據是"歷史會經常重演"；而基礎分析的依據是證券市場價格的變化是由影響證券價格的各種因素之變化決定的，因此只要找到了影響證券價格變動的諸因素的變化，就能預測到未來證券價格的變化趨勢。

2. 思維方式不同 技術分析總體屬於模式和經驗性思維方式：它認為影響證券價格的各種因素，不管它們有多少、是什麼，都會最終反應到證券現時的價格和成交量的變化之中，沒有必要而且也不可能全面準確地分析或預測到各種影響因素的變化，最簡單有效的辦法就是研究證券的市場價格或成交量本身，看它屬於哪一種模式或類型，再根據歷史上這種模式或類型的變化軌跡來判斷現在證券價格的未來變化趨勢。基礎分析則屬於理性思維方式：它首先分析出各方面各層次影響證券價格的諸多因素，然後分析這些因素及因素變動可能會對證券價格帶來什麼樣的影響。因此，基礎分析注重對客觀經濟形勢、行業環境以及發行公司的營利能力、銷售增長等因素及其與證券價格的關係之研究，側重對證券價格變動的原因和理由的解釋。

3. 研究對象和方向不同 技術分析著重研究歷史上已經發生的各種證券價格和成交量的變動模式，屬於後向研究；而基礎分析研究的對象則是現存的或潛在的可能影響證券價格的各種影響和制約因素，因此它屬於前向研究。技術分析具有一定的現時性或滯後性，而基礎分析則具有一定的前瞻性。

4. 功能不同　普遍意見認為：技術分析有助於發現短期內市場價格的變化趨勢和把握具體的投資時機；而基礎分析能幫助人們預測和把握證券價格的長期變動和選擇良好的投資品種。因此，基礎分析能告訴人們投資於何種股票有利；技術分析能告訴人們何時買賣最佳時機。

5. 投資的策略不同　基礎分析側重於證券的內在價值和價格的長期變動的研究。它建議投資者長期持有優質證券，而不必去關心那些難以捉摸的短期變動。技術分析則認為，交易成功與否的關鍵不在於證券價值的優劣及持有期的長短，而在於對市場趨勢的預測，在市場的短期波動中進行交易獲利比買來後長期持有更有利。因此基礎分析比較適合長線投資，而技術分析比較適合於短線投資。

6. 投資手段不同　基礎分析主要採取定性分析的方法，重在分析各種影響因素與市場價格的內在邏輯聯繫；而技術分析則主要採取定量分析和圖表分析方法，將各種價格或成交量的資料，運用統計方法進行計算，並把相對應指標繪製成圖形，從中預測價格的變動趨勢。因此從某種意義上來講，技術分析比較嚴密和精確。

7. 操作和應用的難易程度不同　基礎分析是一種涉及知識面廣、專業性較強的專門技術，它要求操作者具有廣博的知識、敏銳的觀察力、即時詳盡的信息搜集能力和準確的判斷、推理能力，通常由專門機構和專職分析人員來進行，因此其操作和應用的難度較大。而技術分析只要學會了一定的圖表、統計技術、注意挖掘歷史經驗和變化模式，相對來講比較容易掌握，尤其是在電腦等當代先進的統計、圖表技術廣泛應用於證券交易實踐的今天。因此說技術分析操作和應用的難度較小。

8. 技術分析方法與基礎分析方法相比具有三大明顯優勢

首先，技術分析方法抽樣出來的證券行情變動趨勢往往可以擺脫偶發變動的影響，因為證券行情本身的變化就在反應和標示著影響其變化的各種因素的作用；其次，在任何時點上，可能性最大的下一個變動往往是既往趨勢的延伸；再次，初步的技術分析方法不需要金融專業知識、豐富的經驗或充足市場情報，並且易於學習和掌握，這對於廣大非專業證券人士具有特別重要的意義。

㈡ 技術分析與基礎分析的聯繫

技術分析與基礎分析作為兩種常用的、重要的證券投資分析方法，有著密切的聯繫。主要表現在：(1)二者的目的和出發點相同，無論是技術分析還是基礎分析，其根本目的和出發點都是為了準確把握投資時機、科學決策以實現投資獲利的目的。(2)二者產生的實踐基礎相同，技術分析和基礎分析都是投資者在長期的證券買賣、交易、投資的實踐中逐步總結和提煉的科學投資方法。其產生的實踐基礎相同。(3)二者在運用過程中必須綜合運用、相輔相成才能達到預期的目標。技術分析和基礎分析各有所長，對證券投資實踐都有重要的指導意義，二者相互補充、相輔相成。基礎分析能告訴人們投資於何種證券；而技術分析則能告訴人們買進和賣出的最佳時機。只有綜合運用技術分析和基礎分析方法，既選準了投資對象，又把握了最佳投資時機，才能實現投資獲利的最終目標。

二、對技術分析的評價

技術分析的產生距今已有一百多年的歷史，許多年以來一方面有相當一部分投資者在投資實踐中廣泛運用技術分析方法，另一方面也有部分投資者在批評技術分析方法。對技術分析方法的評價向來眾說紛紜、莫衷一是。技術分析本身既存在優點也存在許多缺點和不足之處。

㈠ 技術分析的優點

1. 簡單易學便於操作 技術分析最早產生於記錄人們對交易證券行情，其原理和分析理論依據、分析方法相對簡單易學，只要掌握一些圖表製作和統計分析技術，一般投資者都能學會。技術分析發展到今天已經相當成熟，引進了現代數理統計科學知識，似乎增加了其學習和操作難度，但是，隨著電子科技在技術分析和投資實踐中的廣泛應用，現代技術分析方法也變得易於操作和應用了。只需投資者按下電腦的鍵鈕,各種各樣的價格、成交量圖表和技術指標便一目了然。因此,現代技術分析方法也具有簡單易學、便於操作的優點。

2. 反應客觀、真實 由於技術分析方法繪製出的證券價格成交量圖表都是市場交易的真實反應,它完全反應客觀實際、不帶有任何主觀性。不像基礎分析那樣,同一消息在不同的角度下分析,有時會得出兩個截然不同的價格變化趨勢來,因此技術分析方法較為客觀、真實。

3. 能使投資者即時發現投資時機 由於技術分析方法側重於證券交易價格、成交量的真實反應、反應的信息客觀真實,而且證券價格的變化往往帶有一定的趨勢性,運用以往證券價格變化的模式結合現時證券行情的真實狀態就能尋找到有利的投資時機。也就是說技術分析能使投資者即時發現和把握有利的證券買賣時機。

4. 技術分析方法應用範圍較廣 由於技術分析的原理具有普遍性。因此,技術分析方法有廣泛的應用範圍,它除了能應用於證券投資決策外,還可以廣泛應用於匯率交易、現貨期貨交易決策等領域。

㈡ 技術分析的局限性

技術分析方法雖然有眾多的優點,能指導證券投資者的投資實踐,但它不是什麼"投資法寶"和"靈丹妙藥",它本身也存在一定的缺點和局限性。

它的缺點和局限性主要表現在三個方面:

1. 反應信息相對落後、短期、不能指導長期投資 由於技術分析的圖表和技術指標都要以已經發生的市場信息(包括價格信息和成交量信息)為依據,因此技術分析得出的證券行情都是事後反應,根據這些市場信息的事後反應和歷史上短期的行情變化模式無法指導長期的證券投資實踐。這正是長線投資者不欣賞技術分析的主要原因。

2. 有時出現"走勢陷阱"混淆投資者視線 根據技術分析理論原理:證券行情變化往往帶有一定的趨勢性和規律性,而且這些趨勢會"歷史經常重演",但由於上市交易證券種類太多,各種因素相互作用,有時會出現虛假的證券行情趨勢線,即"走勢陷阱"。投資者如果不能識別真假趨勢線,只是簡單、機械地套用技術分析走勢,則有可能得出錯誤的投資信息,做出錯誤的投資決策,有可能遭受損失。尤其對於初學技術分析方法的投資者來說,往往易受"走勢陷阱"的誤導,做出錯誤決策。

3. 不能準確告知每次價格波動的最高點和最低點,也不能準確告知每次價格上升或下降完結的時間。技術分析雖然能使投資者判斷出未來一段時間內證券價格將處於上升狀態，還是處於下降狀態；但是不能準確暗示投資者什麼價位將是此次證券價格波動最高點和最低點，也不能準確暗示出現最高點和最低點的時間。這樣，投資者如果機械地運用技術分析的結論，則有可能在最高點買進或在最低點賣出。這就是說技術分析能幫助投資者判斷證券行情的大體走勢，但不能告知準確的買賣時點和價位，當然這也是其他分析方法共有的缺點和局限性。

第三節　技術分析的分類

技術分析經過一百多年的發展和改善，現已形成了比較完整的體系，對於技術分析的分類也有多種觀點。限於篇幅，在這裏我們只介紹常見的兩種分類方法。

一、按技術分析具體方法的分類

按技術分析的具體方法，可以把技術分析劃分為大盤分析、輔助線分析、股價分析、成交量分析和技術指標分析五大類。第一大類又由許多具體分析方法構成。其具體構成見表1-1技術分析按具體方法的分類圖。

由於這種分類方法有缺陷，所以我們傾向於下面分類方法。

二、按照技術分析產生與發展的時間及難易程度的分類

按照技術分析方法產生與發展的時間先後及其難易程度的大小，可以把技術分析劃分為兩類，也可以劃分為三類。

　　兩類劃分法，是根據技術分析諸方法產生與發展的時間先後以及難易程度，把技術分析劃分為：

　　(1)早期的圖表解析法　即透過市場行為所構成的圖表形態，來推測未來的價格變動趨勢。圖表解析法又可以分為K線分析、形態分析、切線分析、缺口分析以及OX圖分析等類型。但是，這種圖表解析方法在實際運用上，易受分析者主觀意識的影響，對於一個價格變化，不同人有不同的預測，正所謂"仁者見仁，智者見智"。

　　(2)技術指標分析法　就是利用股價、成交量或漲跌數等市場行為產生的資訊，再經過特定公式計算出具體反應目前市場態勢的數據指標，透過這些專門的數據指標的分析來推測未來證券價格變動方向的方法。

表1-1 技術分析按照分析方法劃分的種類圖

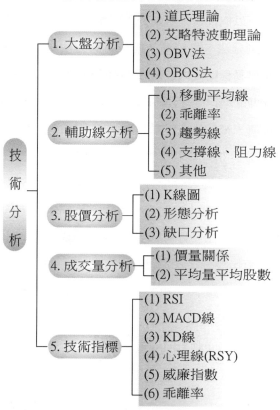

		(1) 道氏理論
	1. 大盤分析	(2) 艾略特波動理論
		(3) OBV法
		(4) OBOS法
		(1) 移動平均線
		(2) 乖離率
	2. 輔助線分析	(3) 趨勢線
技		(4) 支撐線、阻力線
術		(5) 其他
分		(1) K線圖
析	3. 股價分析	(2) 形態分析
		(3) 缺口分析
	4. 成交量分析	(1) 價量關係
		(2) 平均量平均股數
		(1) RSI
		(2) MACD線
	5. 技術指標	(3) KD線
		(4) 心理線(RSY)
		(5) 威廉指數
		(6) 乖離率

　　三類劃分法，是指根據技術分析諸方法產生的時間先後順序以及難易程度把技術分析方法分為基本圖形分析、基本形態分析和基本指標分析三大類。亦即把二類劃分法中的圖表解析法又細分為基本圖形分析和基本形態分析兩類，本書就是按照三類劃分法進行論證和闡述的，因此，我們這裏重

點介紹按照技術分析產生與發展的時間先後以及內容難易程度進行的三類劃分法。

㈠ **基本圖形分析**

基本圖形分析，是指投資者運用一定的圖表符號，把證券價格的變化軌跡製成圖形，然後根據圖形變化和道氏理論或艾略特波浪理論和其他基本技術分析原理，來預測證券價格變化趨勢的專門分析方法。主要有收盤價位圖、棒狀線圖、點數圖（OX圖）和K線圖等分析方法。

1. 收盤價位圖分析　收盤價位圖是把每個交易日的收盤價或收盤指數連接而成的一種曲線圖（如圖1-1所示）

圖1-1 收盤價位圖

這種圖形製作簡便易行，股價的升降訊息一目了然，是積累資料研判證券行情的一種常用方法。但是它僅是證券價格信息的粗略反應，不適合作深層次分析。

2. 棒狀圖分析　棒狀圖又稱柱形圖，是美式劃線法之一，是把收盤價、最高價、最低價用點線來表示的一種股市分析圖形。其繪製方法是先把當期（日或周）最高價、最低價用垂直線相連接，然後在此直線的左方標出開盤價，右方標出收盤價。從棒狀圖棒體的長度，我們可以看出全日（或全周）股價的波動幅度，從收盤價的高低可以看出投資者對後市的信心。棒體長說明股價波動幅度大，棒體短說明股價波動幅度小；收盤價位高說明後市看好，收盤價位低說明後市看跌。透過棒狀圖的各種排列及連續觀察還可以對後市進行預測。棒狀圖的基本形狀參見圖1-2。

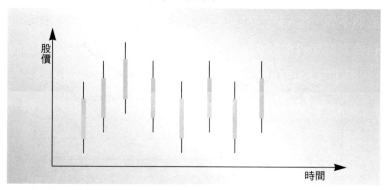

圖1-2　棒狀圖

3. 點數圖（又稱OX圖）　點數圖，又稱OX圖，是以"O"和"X"為符號，來記錄和反應單位股價升跌的一種股價變化專用分析圖形（如圖1-3所示）。其中，"X"表示上升，"O"

表示下降。點數圖一般用方格紙繪製，縱軸表示單位價格，橫軸並不嚴格代表時間，時間通常用方格中的數字表示，其中的數值一般表示月份。在點數圖中，每一列只反應股價的一種運動方向，不是股價上升就是股價下跌，同時股價從何處開始上升，又從何處開始遇阻下跌都能一目了然。因此，我們可以利用點數圖來研判股價運動的方向和上升的阻力位以及下跌的支撐位。點數圖的分析具有三大功能：(1)表現出多頭空頭的強弱情況變化很容易指出其突破點。許多在K線圖上表現不明顯的，均可在點數圖上明顯表現出來。(2)點數圖可以用來觀察中長期大勢與個別股票價格的變動方向。它可以使投資者在變化莫測的市場中保持冷靜，而不被突變的市場所困擾。(3)透過點數圖可以從眾多的證券價格波動形態中尋求出最佳的形態組合，以預測後市的變化方向，關於點數圖的具體應用請看本書第六章第二節點數圖的應用。

	✕		✕		✕	
	✕	◯	✕	◯	✕	◯
◯	✕	◯	✕	◯	✕	◯
◯	✕	◯	✕			
◯		◯				

圖1-3 點數圖

4. K線圖　K線圖又稱為"日式K線"，起源於日本德川幕府時期大阪堂島的米市交易。是將一定時期內（如一天、一周、一月或一年）證券市場或個別證券的價格升降與行情變化，用圖形來加以表現的形態。K線一般分為日線、周線、月線，都是以一定時期的開盤價、收盤價、最高價、最低價繪製成的。如果收盤價高於開盤價，實體用紅色或白色繪製，稱為陽線；如果收盤價較開盤價低，實體用黑色繪製稱為陰線。最高價超過實體的部分稱為上影線；最低價低於實體的部分稱為下影線。其具體繪製方法參見圖1-4。

通常情況下，K線圖中的陽線實體代表多頭勢力的大小，陰線實體代表空頭勢力的大小；上影線代表賣方壓力的輕重，下影線代表支撐力的強弱。K線的分析就是根據實體陰陽的性質及長短，上下影線的長短來判斷多空雙方的力量對比，從而對行情做出推測的。根據觀察K線數量的多少，可以把K線分析分為單線分析和多線分析兩大類。所謂單線分析就是根據一根K線來研判行情變化的方法；所謂多線分析是指以一條以上的K線圖為分析對象，透過觀察K線的組合形態來預測行情趨勢，它又可以分為雙線分析、三線分析等。具體分析方法請看本書第五章第二節K線圖的研判。

㈡ 基本形態分析

證券的市場價格在經過一段時間的上漲和下跌後，往往要經過一段時間的盤整，經過盤整，不是繼續原來的趨勢，就是使原來的趨勢發生逆轉。中間的盤整反應在證券行情走

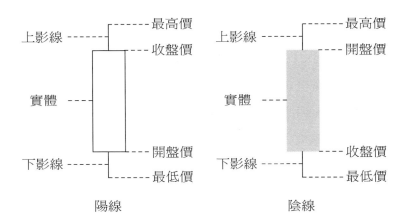

陽線　　　　　　　　　　　　陰線

圖1-4 K線圖畫法

勢圖上，就會形成各種不同的圖形，如三角形、旗形等，一般稱之為證券價格走勢的各種形態。透過對各種形態進行分析來研判證券行情變化趨勢的方法稱為基本形態分析。

　　形態可以分為兩大類：一類是證券價格經過盤整後繼續原來形態的稱為整理形態；另一種是證券價格經過盤整後改變了原來的方向，如由上升轉為下跌，或者由下跌轉為上升，這稱為反轉形態。有的圖形只為某種形態所特有，如旗形僅出現在連續形態中；但大多數圖形在兩種形態中都出現，只是出現的頻率不同而已。經常在形態中出現的圖形主要有三角形、矩形、旗形、楔形、頭肩形、雙重底等。不同的圖形和形態顯示著不同的價格變化趨勢，關於如何運用各種圖形形態進行分析，請看本書第八、九、十章的具體內容。

㈢ 基本指標分析

基本指標分析，又稱證券投資技術指標分析，是指透過對事先設定的技術分析指標的計算、比較、分析來預測未來證券市場行情變化的專門方法。所謂證券投資技術指標是指投資者或投資諮詢機構根據證券的市場價格、成交量或漲跌家數等市場信息，按照一定的計算公式計算出反應目前市場態勢的數據。近幾年來，證券投資技術分析中的技術指標已經發展到數十上百種，且計算公式和計算過程也日益繁雜，這主要得力於電腦軟體的開發和應用。當前常見的技術分析指標主要有：移動平均線（MA）、相對強弱指數（RSI）、騰落指數（ADL）、漲跌比率（ADK）、超買超賣線（OBOS）、成交量淨值（OBV）、隨機指數（KD）、乖離率（BIAS）、動向指數（DMI）、心理線（PSY）、人氣指數（AR）、意願指標（BR）、動量指標（MTM）、震盪量指標（OSC）、威廉指數（%R）、成交量比率（VR）、均量線、拋物線轉向（SAR）、逆勢操作系統（CDP）、成交筆數、平滑異同移動平均線（MACD）、指數點成交值（TAPI）等。

這些技術指標大體可分為三類：(1)反應價格變化的技術指標，包括移動平均線（MA）、乖離率（DIAS）、指數平滑異同移動平均線（MACD）、威廉指數（％R）、相對強弱度（RSI）、隨機指標（KD線）、動向指數（DMI）、動量指標（MTM）、拋物式轉向系統等。(2)關於量的技術指標，如：能量潮（OBV）、成交量比率（VR）、指數點成交值（TAPI）等。(3)反應市場人氣心理的技術指標，如心理線（PSY）、超買超賣指標（OBOS）、騰落指數（ADL）、漲跌比率（ADR）等。關於這些技術指標的原理和應用請參閱本書第十一、十二、十三、十四章。

　　目前，國內廣大投資者經常使用的技術指標（也稱為技術參數）主要是如下證券投資技術參數：

相對強弱	隨機指數(9，3，3)	動向指數	動量指標	人氣心理	指數平滑異同平均線	移動平均線
		DMI(9)			DIF	MA(5)
	K	+DI				MA(30)
	D	-DI				BIAS(5)
RSI(6)	J	ADX	MTM(10)	PSY(12)	DEA BAR	BIAS(30)
RSI(12)					MACD	MA(10)
					(12, 26, 9)	MA(70)
						BIAS(10)
						BIAS(70)

複習思考題：

1. 什麼是技術分析？

2. 技術分析理論大致經歷了哪幾個發展階段？

3. 技術分析有何意義？

4. 技術分析的理論依據是什麼？

5. 技術分析與基礎分析的區別是什麼？

6. 技術分析與基礎分析的聯繫是什麼？

7. 技術分析的優點是什麼？

8. 技術分析有何局限性？

9. 技術分析按具體分析方法可分為哪幾種？

第二章 道氏理論

　　股票市場分析起源於道氏理論（Dow Theory），道氏理論被認為是一種最古老、最著名的股票分析工具，它是由查爾斯·道（Charles. H. Dow）創立的基本原理，並由運用這些原理來分析和闡述股價變動的人們不斷補充發展而形成的。道氏理論的核心是將股市概括為三種趨勢：基本趨勢、次級趨勢、短期趨勢。投資者透過對趨勢的判斷來決定買、賣股票。

第一節　道氏理論的基本內容

　　查爾斯·道（Charles. H. Dow）和愛德華·瓊斯（Edward Jons）於1882年建立道—瓊斯公司，發行《華爾街日報》和《巴朗貿易金融周刊》，查爾斯·道是《華爾街日報》的第一任主編。他和愛德華·瓊斯共同設計和編製了著名的道—瓊斯股票平均數，並且每天將股票平均數刊登在《華爾街日報》上。在此期間，他對股票市場進行了精心的研究和分析，撰寫了大量的文章與評論來分析股價變動，從股票價格波動中探索出市場變動的基本趨勢。早期的道氏理論散見於這些評論文章中，他自己從未正式出版過有關道氏理論的論文，真正使用"道氏理論"一詞是在1902年查爾斯·道去世後，擔任《華爾街日報》記者納爾遜撰寫的《投機入門》一書，闡述道氏理論，此後，擔任該報的總編輯威廉‧哈米爾頓進一步補充和發展了這個理論，他在《股票市場晴雨表》中有系統地闡述了道氏理論。

道氏理論認為：股票市場雖然是變化多端，但總是隨著一些特定的趨勢運行，而這些趨勢又可以從市場上某些代表性股票價格的變動中反應出來，認識和掌握了這種趨勢，就可以透過觀察這些股票過去的變動情況，預測出整個市場將來的運行方向，道氏理論將股市波動劃分為三種不同的趨勢：基本趨勢、次級趨勢、短期趨勢。這三種趨勢相互推移，互相轉變。

一、基本趨勢

基本趨勢指股票市場上股價長期上漲或下跌的變動趨向。這種變動趨向持續的時間很長，一年以上，有時甚至好幾年，股價沿著一定的方向運行。道氏理論將基本趨勢又分為兩大類：牛市（Bull Market）即多頭市場和熊市（Bear Market）即空頭市場。如果股價一段行情的平均數新高點比前一段行情的平均數最高點還高，即一峰比一峰高，基本趨勢是上升的，就稱為牛市或多頭市場；如果一段行情的平均數新低點比前一段的行情的平均數最低點還低，即一谷比一谷低，基本趨勢是向下的，稱為熊市或空頭市場。道氏理論認為：如果一段期間內，道—瓊斯股票價格平均數中四種股票價格平均數內有一種股價平均數上升，而其他股價平均數在此期間也跟著上升的話，保持一致共同趨勢就是基本上升趨勢；相反則為基本下跌趨勢。至於這種基本趨勢能持續多久以及變動的程度如何，不能準確地事先預知。不過歷史資料表明：基本趨勢大致持續1年～4年，牛市最長維持時間大約是3年～4年，最短約15個月；熊市最長持續時間大約為2年，最短為1年。由此可見，熊市持續的時間要比牛市的時間短一些。

二、次級趨勢

次級趨勢又稱中期趨勢和中期性調整。發生在基本趨勢之中，時間要比基本趨勢短，它的變動方向正好與基本趨勢相反。即在牛市裏，可以出現較大幅度的回檔，股價的短期性低點較上次低點還低，不過其基本趨勢沒有遭到破壞，通常是這次回檔下跌的幅度只是上次升幅的1/3～2/3左右，這就是所謂的中期性調整。在調整後，股市仍將回復原來的上升趨勢；在熊市裏，股價可能出現大幅度的回升，短期的高點較上次的高點還高，但仍不能改變基本向下的趨勢，通常這次回升是上次跌幅的1/3～2/3左右，這就是中期性反彈。反彈過後，股市仍會繼續下跌。

一般來說：次級趨勢是對以往市場行為的一種修正，屬於正常的市場自我調整，常常出現在急升或急跌之後，持續的時間約為幾個星期到幾個月。

三、短期趨勢

短期趨勢是指股票價格在較短時間內的變動情況。其變動快則幾小時，慢則幾天就結束。屬於次級趨勢中較短線的波動。短期趨勢往往容易被人為操縱，容易對投資者產生誤導，而次級趨勢和基本趨勢就難以被人為的力量操縱控制。因此短期趨勢波動並沒有重要性的意義。

綜合以上所述，道氏股票價格理論是由基本趨勢、次級趨勢、短期趨勢組成。整個股價運行過程由幾個短期趨勢波動組成一個次級趨勢，再由幾個次級趨勢組成一個基本趨勢；再由基本上升趨勢轉變為基本下跌趨勢，由基本下跌趨勢轉為基本上升趨勢，這樣無休無止循環變動，具有一定的規律性。信奉道氏理論的分析專家認為：股票價格變動有一種"勢頭"，股價一旦沿著一定的方向移動時，股價運動的這種勢頭就往往沿著同一方向繼續運動。

第二節　道氏理論的運用

道氏理論根據股市變動的規律，總結出牛市（多頭市場）和熊市（空頭市場）的不同市場特徵，投資者根據這些市場特徵，分析市場處於何種階段，做出相應的投資決策。

一、趨勢的判斷

道氏理論將牛市和熊市分別分為三個階段，並總結了各階段的市場特徵，為投資者提供參考。

牛市的第一階段：出現在熊市的末期，投資者對市場已經失去信心，準備拋出所持有的股票離場，此時，股票市場交投清淡，股價已跌得遠遠低於其內在價值。有遠見的投資者透過對各類經濟指標和走勢進行分析，然後開始選擇績優股吸納，市場的成交量雖然還處於低迷狀態，但已出現微量回升，許多股票已從盲目拋售者流到理性吸納者手中，市場逐漸開始活躍，吸引新的投資者入市。在市場回升過程中，也伴隨著回落，但每一次回落的低點卻比上一次低點高，同時上市公司的經營狀況和公司業績開始好轉，股市交易量逐漸增加，進一步引起投資者的興趣，致使投資者入市。

牛市的第二階段：股市走出徘徊的低谷，但熊市股價的慘跌使投資者心有戒備，當股價上升到一定高度時，投資者往往會裹足不前；但市場發展仍然是向上的，基本趨勢屬於升勢，使得市場股價在較高水平反覆升落，持續徘徊一段期間。

牛市的第三階段：經過一段時期的僵持，股票的成交量逐漸放大，並且股價每次回落與調整，不是令投資者退場，而是引起更多的投資者入場，市場投資情緒高張，充滿著樂觀氣氛。基本面逐漸向好的方向發展,公司的利多消息不斷傳出,進一步刺激了投資者的入市熱情,同時伴隨著成交量的進一步放大,投資者被樂觀氣氛包圍,在這一階段末期,垃圾股、冷門股大幅上漲,而一些績優股增幅較小。當這種情況持續到一定程度時,使得股票的價格遠遠超過其內在價值,市場此時的承受能力隨時都有崩潰的危險,顯示牛市將要結束。

熊市的第一階段:出現在牛市第三階段的末期,市場投資、投機氣氛最高張時期,投資者對後市變化缺乏戒備心理,市場上盡是利多消息。正當絕大多數投資者瘋狂沉迷於股市狂炒時,一部分明智的投資者、個別大機構和大戶開始了結獲利籌碼,儘管市場的股價持續上漲,但成交量已逐漸減少,此時正是投資者最佳的出貨期,但大多數投資者往往意識不到這一點。由於成交量不能與股價同步增長,致使股價開始下跌。

熊市的第二階段:隨著前期的股價下跌,一部分投資者為避免套牢急於拋出,股價的下跌對於從事信用交易的投資者來說打擊更大,這部分人往往因為要追加保證金而資金緊縮被迫拋售股票,這又進一步加劇了股價的下跌。經過一段跌勢之後,投資者發現跌得有些過分,開始少量的介入,使得股價開始反彈,反彈幅度大約是總跌幅的1/3～2/3左右,維持的時間比較短。

　　熊市的第三階段：儘管市場經歷了中期反彈，但仍不能改變基本向下的趨勢，由於股價的慘跌，對投資者的打擊很大，整個股市悲觀氣氛濃烈，一些上市公司效益不佳、經濟形勢前景不樂觀等，都促使股價持續下跌。此時，理性的投資者發現，在股價下跌過程中，許多股票已在前面跌得差不多了、跌不動了，於是開始少量吸納一些績優股等待將來大勢回升時獲得厚利。這一階段正好和牛市的第一階段相銜接。

　　道氏理論透過對牛市和熊市各階段的分析，為投資者提供了判斷和分析股市趨勢的方法，並常常透過道—瓊斯工業股價平均數和鐵路（運輸）股價平均數的變化方向預測判斷股價走勢。具體地講：工業股票是一些大工業企業發行的，股價的高低主要受這些企業的預期收益的影響，而這些工業公司預期收益又透過訂貨、生產量、銷售量來反應。鐵路運輸的業務量反應著全國的商品流動規模，這個部門股票價格變動也受它的業務狀況和未來收益的影響。因此，工業的銷售量可以透過鐵路的運輸量大體得到反應，正是由於兩者有著密切的聯繫，道氏理論運用了工業股價平均數和鐵路股價平均數來判斷預測股市的趨勢，只有這兩種股價的平均數的變化出現互證時，基本趨勢和次級趨勢才被確認是有效的。

所謂的互證是指：工業股價平均數和鐵路（運輸）股價平均
數在同一期間的變動方向相同，一種平均數被另一種平均數
證明，那麼基本趨勢和次級趨勢就會產生；如果兩種股價的
平均數在同一期間變動的方向不一致，就沒有發生互證，也
就不能出現基本趨勢或次級趨勢。如圖可以說明：

　　在圖2-1中，股價從較低的水準上升到P_1，然後下調到
Q_1，價格從Q_1又漲到P_2，然後又修正Q_2，從Q_2上漲到P_3，又
下跌到Q_3。這裡可以看出，第二次價格上漲高於第一次，第
三次價格上漲高於第二次，即P_3高於P_2，P_2高於P_1；與此同
時，股價在回落時，第二次低點比第一次低點高，第三次低
點比第二次高，即Q_2高於Q_1，Q_3高於Q_2。這說明股市出現
了一峰比一峰高的牛市，基本趨勢是向上的，從圖中還可以
看出，當股價下跌到Q_3時再上升到P_4，P_4的高度低於P_3，市場
上升動力不足，開始下跌到Q_4，Q_4又低於Q_3，即下調到低點
比前一個低點還低，此種情況說明，市場的基本趨勢已由牛
市轉為熊市。那麼，這樣判斷是否可靠呢？可以透過圖2-2，
道—瓊斯運輸平均數的圖形加以互證。從圖中可以看出：圖2-
2的變動方向完全與圖2-1相似，雖然上漲、下跌的幅度和時間
不完全一致，但基本趨勢是一致的，所以可以證明上面的判
斷是正確的。如果同一時期工業股價平均數出現一峰比一峰
高，而運輸股價平均數達到的新高峰卻不如前一個高峰高，

等到運輸平均數出現新高峰高於前一高峰時，工業股價平均數的新高峰又不如前一個高峰高，這就不能準確地判斷出股市的趨勢是牛市還是熊市。

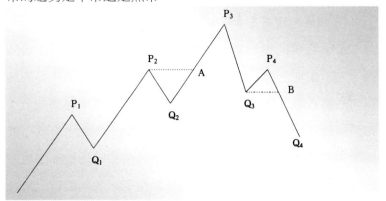

圖2-1 道─瓊斯工業平均數

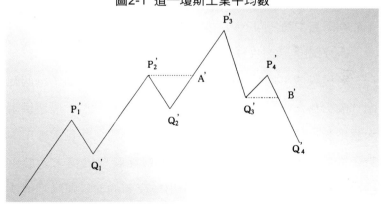

圖2-2 道─瓊斯運輸平均數

道氏理論運用工業股價平均數和運輸股價平均數變動的互證來判斷股市趨勢，主要有兩種情況：一是透過兩種平均數同時出現新高峰和新谷底來判斷基本趨勢；另一是當兩種平均數在狹小範圍內波動時，同時向上或向下來判斷和預測次級趨勢。

（一）判斷和預測基本趨勢

兩種股價的平均數從較低的水平開始上升後，經過回調，又不斷地上揚，且兩者在同一期間內創下的新高峰高於以前的舊高峰，這顯示出市場已轉為牛市，基本趨勢向上；如果兩種平均數都創下新的高峰，但時間不一致，這就不能判斷基本趨勢是向上的。同樣，兩種股價的平均數都出現下跌，同一期間創下新低較以前的低點還低，說明股市已轉為熊市。如果兩種股價平均數都創下新低，但時間不一致，也不能判斷基本趨勢向下轉為熊市。

（二）判斷和預測次級趨勢

兩種股價平均數在一個狹窄的範圍內上下波動（這個範圍一般認為大約5％）說明多空雙方處於對峙狀態，股票供求大體平衡，波動的時間大約幾周或稍長一些；一旦兩種平均數，同時向上突破波動範圍，此時市場股票的需求大於供給，股市將上升，說明在熊市中出現反彈的次級運動趨勢；如果兩種平均數同時向下突破波動範圍，表明股價將要下跌，說明在牛市中出現了回檔的次級趨勢。

以上介紹的透過兩種股價變動方向來判斷基本趨勢和次

級趨勢。必須強調一點，時間的一致性，即兩種股價平均數變動方向相同，時間必須是一致的；否則，不能確認和判斷基本趨勢和次級趨勢的形成。

道氏理論在使用兩種股價平均數的互證來判斷趨勢時，存在一個問題，股市在沒有出現明顯的上漲和下跌之前，它的趨勢無法即時得到正確的認證。在圖2-1和圖2-2中，A和A′是確定牛市的兩個點，在這兩點到達之前，道氏理論則無法判斷市場是在基本趨勢的上升階段，還是次級趨勢開始下調階段，這需要市場到達 Q 時，才能加以說明，當市場在到達Q_3時，可能繼續下跌，也可能反轉向上。圖中是向上的，當股價漲到P_4時，由於成交量的不能進一步放大，使得P_4的高度沒有經過P_3，股價又開始下跌，但此時無法判斷基本上升趨勢是否改變，只有股價擊穿B點時，才能確認股市已由牛市轉為熊市。同時，還必須由運輸平均數變動達到B′的互證，來加以確認，市場已從牛市轉為熊市。當熊市再上升轉變為牛市時，它變動的軌跡與牛市轉變相似。

二、對道氏理論的評價

從以上對道氏理論的分析及趨勢的判斷中，可以看出，道氏理論的重點是指出市場是否出現新的牛市和熊市，基本趨勢是否還會持續，投資者透過對道氏理論的運用，可以判斷市場是處於牛市，還是熊市，來指導投資者進行股票買賣的操作，達到投資收益最佳的目的。

　　道氏理論自問世以來，在很大程度上是成功的。比如在1929年10月22日，工業平均數發出信號，一個持續了近六年之久的牛市將轉為熊市，與此同時，在10月23日得到了當時鐵路平均數的證實。兩種平均數同時向下反應出趨勢的轉變。隨著社會經濟的發展和股票市場情況的變化，許多從事證券分析的專家以及證券投資者在實踐中發現並運用了許多新的分析方法和工具。目前，道氏理論分析方法已不像過去那麼應用得廣泛，但是它的基本原理仍然指導著某些股票投資者的實踐操作，像在本書的第七章中趨勢線、支撐線、壓力線的分析就來自於這一理論。

　　由於道氏理論常常是在市場轉變已經發生了很長一段時間，但它卻沒有在事前即時指出市場趨勢改變的情況，因此，在實際操作過程中，難於把握，在運用該理論時，常常有許多不足之處。歸納起來，主要有以下幾個方面的不足：

　　1. 道氏理論對預測股票變動趨勢反應遲緩。道氏理論主要用來預測股價的趨勢，說明牛市或熊市已經出現，或仍在持續，一般來說，都是在股市已經發生變動之後，它才能反應出來，這種趨勢的時間遠遠落後於股價變動的時間，使得許多投資者不能馬上做出決策，遭到損失。在圖2-1和圖2-2中，只有在股價超過Ａ和Ａ′時，才能確定牛市的出現，在此

之前，不能準確地判斷牛市是否出現，只有股價擊穿 B 和 B′
點時，才能確定轉為熊市。在此點沒有擊穿之前，不能準確
地判斷，如果等到股價超過 A 和 A′時才能確定牛市。但市場
在這之前的一段時期已經發生了變化，所以，運用道氏理論
判斷股價的基本趨勢相對來說反應遲緩。

2. 道氏理論對預測股票價格變動缺乏精確性。道氏理論
強調的是工業平均數和運輸平均數，而這兩種平均數不能真
正完全代表股票市場，所有股票並不同時上漲或同時下跌。
投資者並不購買平均數，他們關心的是購買個別股票，沒有
人去買平均數，這樣道氏理論不能具體指出應當買和賣何種
股票。

3. 道氏理論運用有一定困難。運用道氏理論來判斷基本
趨勢，新高峰比舊高峰高出多少；新低點比舊低點低的幅度
又是多少，沒有明確地說明，因此在應用時比較困難。

4. 道氏理論有時會發出錯誤的信號，使得投資者常常遭
到損失。

5. 道氏理論對短期投資者意義不大。道氏理論雖然能說
明股價的基本趨勢，但對次級趨勢和短期趨勢卻很難正確判
斷，因而對於從事幾周或幾個月的中、短期投資者缺乏指導
性。不管人們對“道氏理論”如何評價和看待，運用“道氏
理論”來預測和分析股市未來的基本趨勢，已成為一些投資

者運用的一種分析工具，許多資料表明：道—瓊斯平均數用來反應經濟發展比較成功，當工商業發展看好時，道—瓊斯平均數向上變動領先於經濟好轉六個月；當工商業發展不景氣時，道—瓊斯平均數向下變動領先於經濟變動3～6個月。

複習思考題：

1. 牛市及牛市各階段的特點是什麼？

2. 熊市及熊市各階段的特點是什麼？

3. 基本趨勢和次級趨勢是什麼？

4. 如何判斷和預測基本趨勢？

5. 如何判斷和預測次級趨勢？

6. 道氏理論有哪些不足？

第三章 波浪理論

美國的經濟學家、著名的技術分析大師艾略特提出了關於股票和商品價格變動趨勢的理論——波浪理論，艾略特波浪理論認為：不管是股票還是商品，其價格波動與大自然的潮汐一樣，具有相當程度的規律性，一浪跟著一浪波動，周而復始，永無休止，任何的波動，都有跡可循，具有規律性，投資者掌握波浪運動的規律可以預測和分析價格未來的走勢，做出正確的投資決策。

第一節　波浪理論的基本內容

一、波浪理論的基本形態

波浪理論認為：一個價格的波動周期，從牛市（基本上升趨勢）到熊市（基本下降趨勢）的完成，包括了5個上升波浪和3個下降波浪，共計8個波浪，如圖3-1。

每一個上升的波浪，稱之為推動浪，如圖3-1中的1，3，5波浪；每一個下跌波浪，是為前一個上升波浪的調整浪，如圖3-1中的2，4波浪。

對整個大循環來講，第1浪至第5浪是一個“大推動浪”a、b、c三浪則為“大調整浪”。

在每一對上升的“推動浪”與下跌的“調整浪”組合

中，大浪中又可細分成小的波浪，小的波浪也同樣以8個波浪來完成較小級數的波動周期。圖3-2，在一個大的價格波動周期涵蓋了34個小波浪。圖3-3中，在一個大的價格波動周期則涵蓋了144個細小的波浪。

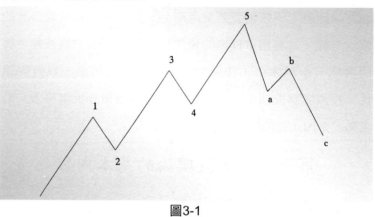

圖3-1

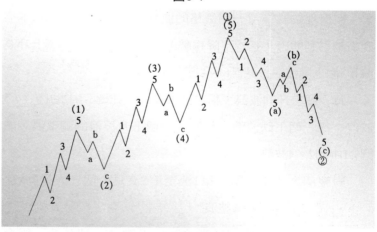

圖3-2

在此圖中：①和②為2個大波浪

(1)(2)(3)(4)(5)(a)(b)(c)為8個波浪；1、2、3、4、5、a、b、c 等為34個波浪。

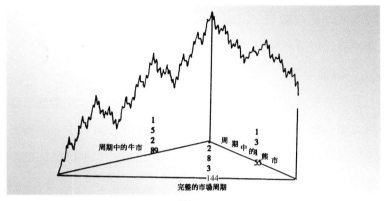

圖3-3

波浪循環的級數，一共劃分為九級，不同的級數中，每一個小波浪數字的標記，各有區別，如表3-1所示。

波浪級數	推動浪代碼	調整浪代碼
超級大周期波浪	無代碼……	無代碼……
大周期波浪	（Ⅰ）（Ⅱ）（Ⅲ）（Ⅳ）（Ⅴ）	（A）（B）（C）
基本大浪	Ⅰ Ⅱ Ⅲ Ⅳ Ⅴ	A B C
中型浪	1 2 3 4 5	a b c
小型浪	(1)(2)(3)(4)(5)	(a)(b)(c)
細浪	①②③④⑤	……………
細微浪和最細微浪	無代碼……	……………

表3-1

二、各種波浪的基本特徵

艾略特儘管提出和總結了波浪理論，但對各種波浪的特徵並沒有詳細的說明。對波浪理論的各種波浪特徵加以詳細說明的乃始自羅伯‧派瑞特的《艾略特波浪理論》一書。各種波浪的特徵總結如下：

第1浪：

約半數以上的第1浪屬於打底的形態。由於長期蕭條，作為空頭市場跌勢後的反彈，缺乏多方支持，加上空方的賣壓經常回檔較深；另外約半數的第1浪，出現在長期趨勢底部形成後，通常此段行情上升幅度很大。

第2浪：

這一浪下跌調整幅度很大，當行情跌到接近第1浪起漲點時，市場惜售心理趨強，成交量開始逐漸減少，當量萎縮到一定程度，才結束了第2浪的調整。

第3浪：

第3浪的漲勢可以確認是最大、最具有爆發力的一浪，這段行情的時間，升幅通常是五浪中最長的一浪，此時，市場內投資者信心恢復，交投活躍，尤期是在第3浪向上穿越第1浪的頂部，代表了各種傳統的突破信號，這一浪由於漲勢強烈，經常出現延長波浪，並且此浪中的交易量為最大、走勢強烈，一些圖形上的關卡，很容易被突破，甚至會產生跳空缺口。

第4浪：

　　由於前一浪漲幅過大，一些獲利了結盤出現，使得股價下調，但下調的幅度不深。儘管這一浪與第2浪同屬調整浪，但形態往往完全不同，經常會出現三角形的走勢，並且此浪的最低點高於第1浪的最高點，如圖3-4所示。

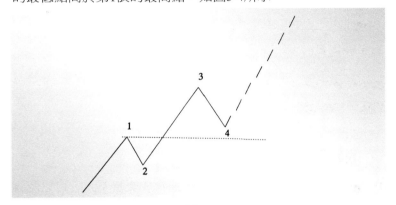

圖3-4

第5浪：

　　在股票市場中，第5浪的漲勢通常小於第3浪，且常常有失敗的情形，如圖3-5，而在商品期貨市場，第5浪通常是最長的一浪，且常常出現延長波浪。

a浪：

　　當上升趨勢進入調整階段後，a浪常常被誤解成只是正常的回檔，並不認為是行情轉勢，從而失去了最佳出貨機會。

實際上，a浪的下跌在第5浪通常已有了警告信號，如量價悖離、技術指標的悖離，精明的投資者會透過這些信號去確認行情的轉勢。

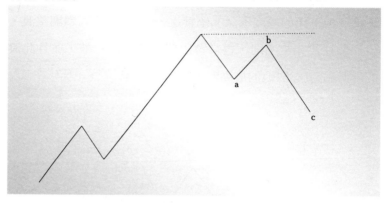

圖3-5 失敗形態

b浪：

b浪是新的下降趨勢的反彈，通常成交量不大，可以認為是多頭的逃命線；然而經常會給一些投資者以上升的趨勢而誤認為是另一波浪的漲勢，形成多頭陷阱。

c浪：

c浪通常跌幅較大，持續時間長，具有很大的殺傷力，在這一浪的下跌過程中，會產生大量傳統形態的賣出信號。

第二節　波浪理論的特殊形態

在股價上下波動過程中，經常在推動浪和調整浪中出現特殊的形態。

一、推動浪的特殊形態

推動浪的特殊形態有延長波浪、二次回檔、傾斜三角形、失敗形態等不同形態。

㈠ 延長波浪

所謂的延長波浪是指在推動浪1、3、5浪中的任何一浪，發生較次一級劃分的5個波浪走勢，如圖3-6。

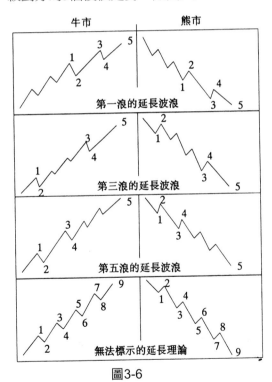

圖3-6

如果第1浪和第3浪的漲幅相等，那麼在第5浪出現延長波浪的可能性較大，尤其是在第5浪中的成交量高於第3浪的成交量的情況下，如果延長波浪出現在第3浪中，那麼第5浪的形態和漲幅與第1浪相等。

　　在延長波浪中，很有可能再衍生次一級的延長波浪，如圖3-7，圖3-8中，延長波浪分別發生在第5浪和第3浪，同時在延長波浪中又發生較次一級的延長波浪。

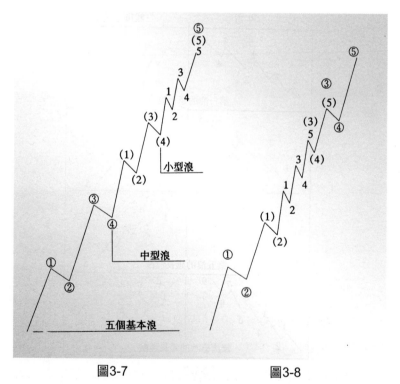

圖3-7　　　　　　　　　　圖3-8

假如在第5浪中發生了延長波浪現象，那麼接下來的調整浪中，下跌3浪，將會跌至延長波浪的起漲點，並且隨後跟著反彈，創出整個循環期的新高價，在第5浪的延長波浪中，通常伴隨著"二次回檔"。

㈡ 二次回檔

二次回檔有兩種形態：

1. 當其整個"價格波動周期"屬於較大周期中的第1大浪或第3大浪時，它的第一次回檔跌到延長波浪的起漲點，成為大周期中第2浪和第4浪的低點，第二次回檔，則反轉回升形成第3浪或第5浪的高點，如圖3-9。

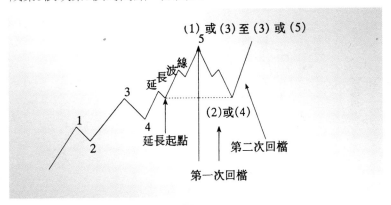

圖3-9

2. 當其整個周期處於較大周期的第5浪時，第一次回檔回跌到延長波浪的起漲點，是為調整浪a浪的低點，第二次回檔則反彈創新高（即比第5大浪高點還高），是為b浪的高點，c浪則以5浪下跌形態出現,見圖3-10。

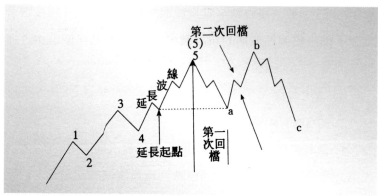

圖3-10

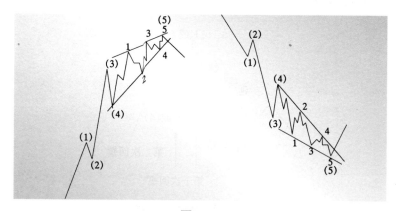

圖3-11

㈢ 傾斜三角形

傾斜三角形通常發生在一段又長、又快的漲勢之後,是第5浪的特殊形態之一。它是由兩條收斂縮小的支撐線和壓力線所形成。延長的第5浪均在兩條趨勢線之內波動,如圖3-11。

傾斜三角形可以存在兩種特例:其一是第1至第5小浪均可再細分次一級浪,有別於延長波浪只出現在第1、3、5浪其中之一浪的原則;其二是第4小浪低點可以比第1小浪高點低。

㈣ 失敗形態

失敗形態是指第5浪的上漲幅度,未能達到第3浪的高點,形成所謂的"雙頭形"或"雙底形",經常在第5浪出現,如圖3-12,3-13。

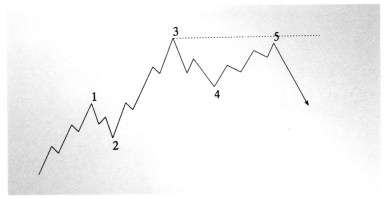

圖3-12 牛市的失敗形態

二、調整浪的特殊形態

調整浪的級數與浪數辨別,通常比推動浪困難複雜,這裏有一個基本原則用以區分推動浪和調整浪,即"調整浪絕不是5浪"的原則。調整浪一般可分為四種形態：

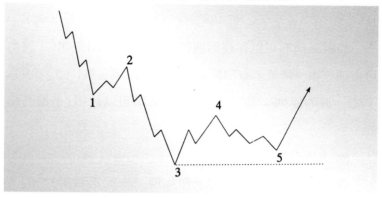

圖3-13　熊市的失敗形態

㈠ 曲折型

曲折型一般以5-3-5的3浪形式完成調整方式。曲折型包括了雙重曲折型。曲折型在一個多頭市場裏，是個簡單的三浪下跌調整形態，可細分為5-3-5的波浪，B浪高點低於A浪的起跌點，圖3-14。

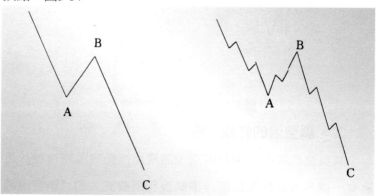

圖3-14　多頭市場曲折型調整浪

而在一個空頭市場裏，A-B-C三浪的調整形態是以相反的方向向上移動，見圖3-15，同時，在較大的波動周期，還會出現"雙重曲折型"調整浪，見圖3-16。

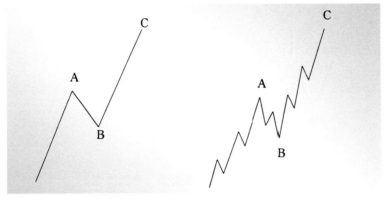

圖3-15　空頭市場曲折型調整浪

㈡ 平緩型

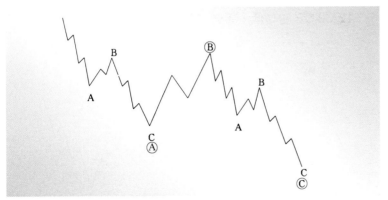

圖3-16　雙重曲折型

平緩型與曲折型相比，僅是較小級數劃分的不同，平緩型調整浪是以3-3-5浪的形態來完成調整浪，見圖3-17，圖3-18。

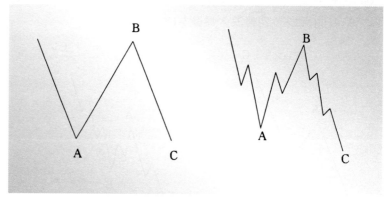

圖3-17　普通平緩型調整浪（多頭市場）

在平緩型中，A浪的跌勢較弱，以3浪完成A浪，就不像在曲折型中A浪是以5浪完成的，因此平緩型較曲折型要減緩得多。按A,B,C點的高低，平緩型又可分為以下三種不同形態。

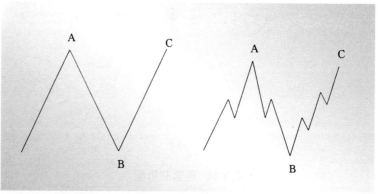

圖3-18　普通平緩型調整浪（空頭市場）

1. 普通平緩型　此種形態在多頭市場裏B浪的高點約在A浪的起跌點附近，C浪低點與A浪低點相當，見圖3-17，在空頭市場情形與之相反。

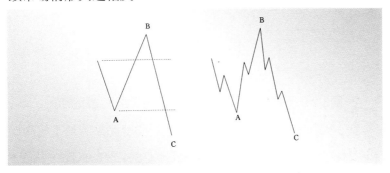

圖3-19　不規則平緩型調整浪（多頭市場調整，穿頭破底）

2. 不規則平緩型　不規則平緩型又有兩種形態。

(1)在多頭市場中的穿頭破底和在空頭市場中的破底穿頭形態，即在多頭市場中，B浪的高點超過了A浪的起跌點，C浪低點則跌破A浪的最低點，見圖3-19，在空頭市場正好與之相反，見圖3-20。

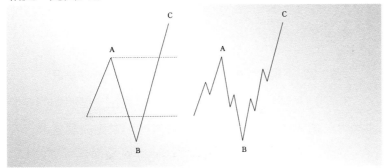

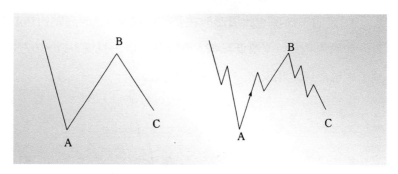

圖3-21 不規則平緩型調整浪（多頭調整，縮頭縮底）

(2)縮頭縮底形態：在多頭市場中，B浪高點若是不能高於A浪的起跌點，則C浪的跌幅低點將不低於A浪的低點，見圖3-21，空頭市場的形態與之正好相反，見圖3-22。

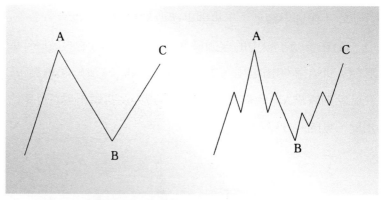

圖3-22 不規則平緩型調整浪（空頭調整，縮頭縮底）

3. "順勢調整型" 此種形態常常出現在一個明顯的多頭漲勢中，順著漲勢以a-b-c向上傾斜形態，來完成調整浪。在這種形態中，C浪的最低點比A浪的起跌點還要高，見圖3-23

中，第(2)浪屬於3-3-5順勢調整浪。

㈢ 三角形

通常情況下，三角形的調整形態僅出現在一段行情中的最後回檔，即在第4浪中，這種狀況的形成是由於多空雙方勢均力敵所致，三角形常常以3-3-3-3-3共15小浪的形態來完成調整。包括上升三角形、下跌三角形、對稱三角形、擴張三角形，見圖3-24。

㈣ 雙重3浪與三重3浪

所謂 "3浪" 是指 "曲折型3浪" 或者 "平緩型3浪" 的調整，而 "雙重3浪" 或 "三重3浪" 即以雙重或三重的形式，出現 "曲折型或平緩型"，如圖3-25，3-26。

圖3-25為雙重3浪，圖3-26為 "三重3浪"，在這兩圖中，每一重3浪之間，夾雜著一段上升的 "X" 浪，通常這種走勢的出現，說明目前行情趨勢不明，此時，多空雙方卻在積蓄力量，等待時機，一旦這種走勢被突破，將會有一段強而有力的走勢。

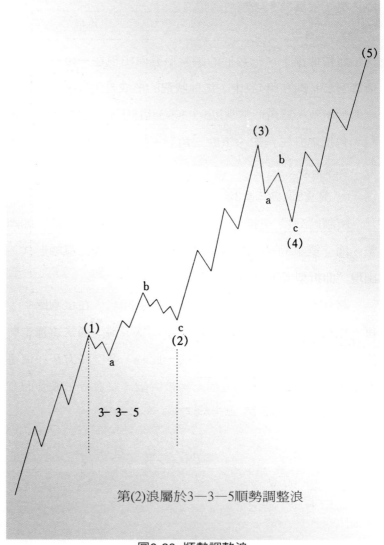

第(2)浪屬於3—3—5順勢調整浪

圖3-23 順勢調整浪

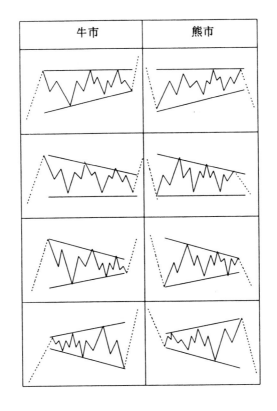

	牛市	熊市
上升三角形		
下跌三角形		
對稱三角形		
擴張三角形		

圖3-24　三角形調整浪的4種形式

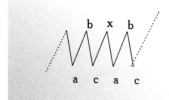 或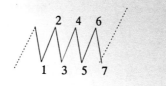

圖3-25

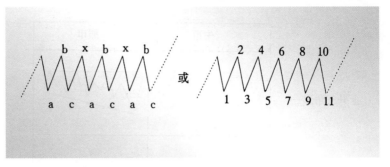

圖3-26

第三節　波浪理論的基本原則

一、交替原則

交替原則是指調整浪的形態，以交替的方式出現，即單式與複式輪流出現。如果第2浪是單式調整浪，那麼第4浪就會是複式的調整浪；如果第2浪是複式調整浪，則第4浪就為單式調整浪，如圖3-27。

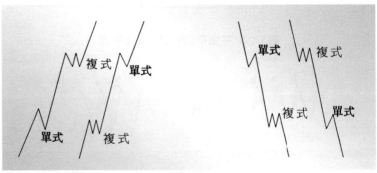

圖3-27

同時，在一個較大級的調整浪中，如果出現平緩型a-b-c完成大A浪時，接下來很可能出現曲折型a-b-c來完成B大浪，反之亦然，見圖3-28，圖3-29。

如果在較大級數中的A浪是以"單式"完成，那麼在B浪中，才可能出現"複式"，如圖 3-30。

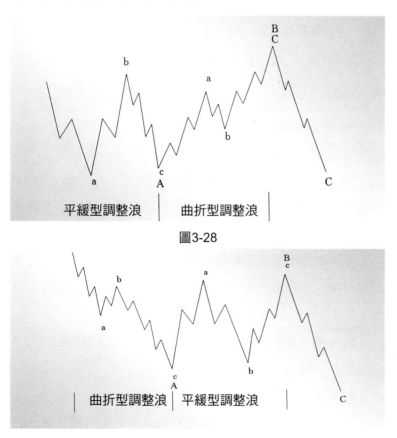

圖3-28

圖3-29

二、波幅相等原則

在第1、3、5浪，三個推動浪中，其中最多只有一個浪會出現延長波浪，而其他兩個推動浪則約略相等。即使不會相等，仍會以0.618的黃金比例，出現互相對等的關係。

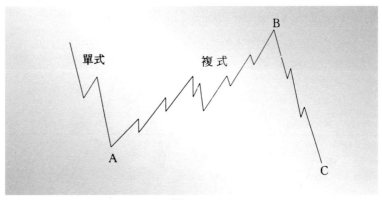

圖3-30

較大級數的價格波動周期，浪與浪之間的關係，不能純粹以波動幅度來計算，而須改用百分比來計算幅度。

可以說波浪理論是最難於理解和應用的一種技術，在學習過程中，不要鑽牛角尖，要掌握其精神內涵，注意以下要領：

1. 一個完整的價格波動周期，包括8浪，其中5浪上升，3浪下降。

2. 調整浪劃分為3浪。

3. 波浪可結合，組成更大周期的波浪，也可細分更小的次級波浪。

4. 通常一個推動浪出現延長波浪，其他兩個推動浪的幅度與時間則相等。

5. 第4浪低點不會低於第1浪高點（在期貨市場，並非如此）。

6. 三角形通常出現在第4浪，也可能在B浪的調整浪中出現。

7. 波浪理論主要使用於綜合平均指數，其於個別股票作用不大。

8. 波浪理論依其重要順序，以形態為最重要，其次為比例與時間。

掌握這些要領，有助於對股價未來走勢加以分析和判斷，但在實際操作過程中，應用波浪理論還有以下二點不足：

1. 從理論上講，波浪理論包括5個上升波浪，3個下降波浪，共8浪來完成一個完整的周期過程，在這裏，大浪中又可細分小的波浪，小的波浪同樣以8個波浪來完成，小波浪還可以細分更細小的波浪，大浪套小浪，浪中有浪，這樣浪的層次的確定和浪的起始點的確認就很困難，不同的人會產生不同的數浪方法，產生的後果不同。

2. 波浪理論只考慮了價格形態上的因素，而忽視了成交量方面的變化和影響。

複習思考題：

1. 波浪理論的基本形態如何？

2. 波浪理論中各浪的基本特徵有哪些？

3. 延長波浪和二次回檔的涵義是什麼？

4. 交替原則和波幅相等原則的內容有哪些？

5. 曲折型與平緩型的形態如何？

第四章 黃金分割理論

黃金分割理論的核心是黃金分割率。

黃金分割率在社會和自然界中是一個非常重要的比例數字。金字塔的建造、書本、紙張的長寬比例，均運用了“黃金分割率”的比例數字，星相、生物繁殖等，均與黃金分割率的數字有相當大的關係。當黃金分割率引入證券市場之後，由於具有較強的適用性得以沿襲至今，成為證券市場技術分析的主要工具之一。

第一節 斐波那奇序列數

一、奇異的數字

埃及吉薩（Giza）的第一座金字塔，之所以給人以強烈的美感，其祕密可能是隱含在側面的正三角形和底部的正方形之間所夾的52°角。由於這座金字塔的高度約146公尺，其正方形的底部每邊長約230公尺，其比值146：230＝1：1.6即5：8，正因為這個比例使得這座金字塔在人的視覺中產生了美的效果。《米羅島的維納斯》雕像是世界所公認的女性人體美的典範，她符合古希臘人關於美的理想與規範。古希臘人對人體美的傾倒與研究，勢必發現關於人體美的標準比例關係。隨著時代變遷，幾經演變，到了公元4世紀，確立了女性人體標準身段的關係可以分割為頭與身長之比為1：8。米羅島的維納斯如果去掉雕塑底下的座臺後其身高大約為209公分，恰好是頭長26.7公分的8倍，即所謂 8頭身。由於8是3與5之和，這就可以分成1：3：5的整數比。依照美術評論家的分析，這尊雕像各部分的度量比都差不多是5：8。這種比例關係後來成為美術家們創造標準人體美的標準規則，《米羅島的維納斯》正是這種規則的體現，被視為永恆美的典範之作。

自古以來，人們在建造一座建築物和塑造塑像時，都有個共同的心願，即追求具有美感和穩固性的形象。要達到此形象的條件之一，就是這個5：8之比。像這樣將度量劃分為兩部分，藉以獲得具有高度美感與穩定性的方法，早在五千年以前就已經開始運用了。到中世紀時，這個比值被神祕化了，認為這是由神傳授給世人的祕法，故稱其為 "神授比例法"。在15世紀末期，有位法蘭西斯克都教會的傳教士路加·巴喬里（約1445年～1510年），因有感於這種神祕比值的奧妙而使用 "黃金" 一詞，將描述這一比例法的書籍命名為 "黃金分割"。這就是 "黃金分割" 或 "黃金比例" 的由來。

二、黃金分割率

黃金分割率的運用雖由來已久，但直到13世紀，經由 "斐波那奇序列數"（Fibonacci Sequence Number），才得以在理論上予以說明。所謂 "斐波那奇序列數"，即為意大利偉大的數學家斐波那奇於公元1202年，出版《計算法》一書中所發表的序列數字，亦有人稱之為"奇異數字"，是由前後相關的一序列數字所組成：

1，1，2，3，5，8，13，21，34，55，89，144，⋯⋯這些序列數字，具有以下特點：

1. 數字的排列，以1為起點。

2. 每兩個相連的數字相加，即等於其後的第一個數字。

$$1+1=2 \qquad 5+8=13$$
$$1+2=3 \qquad 8+13=21$$
$$2+3=5 \qquad 13+21=34$$
$$3+5=8 \qquad 21+34=55$$

3. 除前面4個數字外，任何一個數字在比例上相當於後面一個數字的0.618倍。

$$8\div 13=0.615 \qquad 13\div 21=0.619 \qquad 21\div 34=0.617$$

4. 除前面4個數字外，任何一個數字約為前一個數字的1.618倍。

$$13\div 8=1.628 \qquad 21\div 13=1.615 \qquad 34\div 21=1.619$$

5. 除前面4個數字外，任何一個數字約為其前第二個數字的2.618倍。

$$21\div 8=2.625 \qquad 34\div 13=2.615 \qquad 55\div 21=2.619$$

6. 任何一個數字為其後第二個數字的0.382倍。

$8 \div 21 = 0.381$　　$13 \div 34 = 0.382$　　$21 \div 55 = 0.382$

從上面的0.382、0.618、1.618、2.618四個比例數字，可以算出以下比例關係：

1. $2.618 - 1.618 = 1$

2. $1.618 - 0.618 = 1$

3. $1 - 0.618 = 0.382$

4. $2.618 \times 0.382 = 1$

5. $2.618 \times 0.618 = 1.618$

6. $1.618 \times 0.618 = 1$

7. $0.618 \times 0.618 = 0.382$

8. $1.618 \times 1.618 = 2.618$

上述比例關係反應出這些奇異數字之間的兩個基本比值：

0.618與0.382，這就是所謂的黃金分割率（Golden Section）。除這兩個基本比例外，斐波那奇序列數所反應的比例關係見表4-1。

第二節　黃金分割率的運用

斐波那奇序列數和黃金分割率在波浪理論中的運用，包括了時間周期和波段幅度的計算、預測兩個方面的內容。

一、黃金分割率對時間周期的測定

NUMERATOR

	1	2	3	5	8	13	21	34	55	89	144
1	1.00	2.00	3.00	5.00	8.00	13.00	21.00	34.00	55.00	89.00	144.00
2	.50	1.00	1.50	2.50	4.00	6.50	10.50	17.00	27.50	44.50	72.00
3	.333	.667	1.00	1.667	2.667	4.33	7.00	11.33	18.33	29.67	48.00
5	.20	.40	.60	1.00	1.60	2.60	4.20	6.80	11.00	17.80	20.80
8	.125	.25	.375	.625	1.00	1.625	2.625	4.25	6.875	11.125	18.00
13	.077	.154	.231	.385	.615	1.00	1.615	2.615	4.23	6.846	11.077
21	.0476	.0952	.1429	.238	.381	.619	1.00	1.619	2.619	4.238	6.857
34	.0294	.588	.0882	.147	.235	.3824	.6176	3.00	1.618	2.618	4.235
55	.01818	.03636	.545	.0909	.1455	.235	.3818	.618	1.00	1.618	2.618
89	.011236	.02247	.0337	.05618	.8989	.146	.236	.382	.618	1.00	1.618
144	.006944	.013889	.0208	.0347	.05556	.0903	.1458	.236	.382	.618	1.00

表4-1

艾略特的波浪理論認為大自然具有節奏性規律，如潮汐、天體、植物、生命等都處於無限循環、周而復始的運動中，而這些運動都具有一定的規律。在波浪理論中，艾氏一再強調自然法則，並對波浪理論進行了研究，指出波浪的理論數目與斐波那奇序列數相當吻合，每個波動周期以8浪完成，其中5浪上升，3浪下跌；較大的波動周期有89浪，更大的級數有144浪，均為序列數字。

　　此外，艾略特將1921年到1942年的美國股票市場中，與斐波那奇序列數相符合的重要轉折點作了如下分析：

1921年	至1929年	8年
1921年7月	至1928年11月	89個月
1929年9月	至1923年7月	34個月
1932年7月	至1933年7月	13個月
1933年7月	至1934年7月	13個月
1934年7月	至1937年7月	34個月
1932年7月	至1937年7月	55個月（5年）
1937年3月	至1938年3月	13個月
1937年3月	至1942年4月	5年
1929年	至1942年	13年

　　理查‧羅素在1973年的“道式理論通訊”中又增補了部分時間周期上的實例：

1907年崩潰低點至1962年崩潰低點　55年

1949年主要底部至1962年崩潰低點　13年

1921年蕭條低點至1942年蕭條低點　21年

1960年1月頂點至1962年10月底部　34個月

韋特・華德在其1968年的著作中預測1970年將出現重要的浪底低點，理由為：

1949＋21＝1970　1957＋13＝1970

1962＋8＝1970　1965＋5＝1970

事實果真於1970年5月出現了反轉低點。

若以1928年及1929年的兩個頂點為標準，則又可以斐波那奇序列數計算出一些重要的年史：

1929＋3＝1932　熊市底部

1929＋5＝1934　調整底部

1929＋8＝1937　牛市頂部

1929＋13＝1942　熊市底部

1928＋21＝1949　熊市底部

1928＋34＝1962　崩潰底部

1928＋55＝1983　大循環期頂部

而類似的方法又可以1965年與1966年的循環周期頂點，計算未來走勢：

1965＋1＝1966　頂點

$1965 + 2 = 1967$　　四檔低點

$1965 + 3 = 1968$　　次級頂點

$1965 + 5 = 1970$　　崩潰低點

$1966 + 8 = 1974$　　熊市底部

$1966 + 13 = 1979$　　9.2年及4.5年的周期低點

$1966 + 21 = 1987$　　大循環期低點

我國股市尚處於成長時期，從實際運作情況看，也具有斐波那奇序列數痕跡。（圖4-1）

股市走勢中，重要的底部或頂部之間的時間跨度往往具有斐氏序列數特徵。它們可以是頂部與頂部之間、底部與底部之間或頂部與底部之間。當到達這種時間間隔末端，市場往往會改變原來趨勢（上升或下跌），從而向相反方向（下跌或上升）運行，形成所謂的"頂部"或"底部"。當某一時間與先前多個（兩個或以上）"頂部"或"底部"具有斐氏特徵時，在這一時點附近極有可能產生行情的"轉勢"。

二、黃金分割率在波幅中的運用

在波浪理論中，每一波浪之間的比例（包括波動幅度與時間長度的比例）均符合黃金分割率。對技術分析者，這是一個相當重要的參考依據。

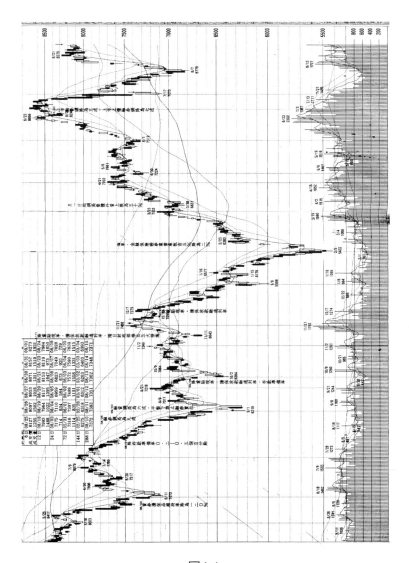

圖4-1

黃金分割理論

在波浪理論中，黃金分割率有以下原則：

　　1. 第3浪波動幅度，為第1浪起點間幅度的某一黃金比例數字，如0.382、0.5、0.618、1、1.618等，見圖4-2。

　　2. 第2浪的調整幅度，約為第1浪幅度的0.382、0.5與0.618倍，見圖4-3。

　　3. 在調整浪中，c浪與a浪的比例，亦吻合黃金分割比例數字。通常為a浪的1.618倍。見圖4-4。某種狀況下，c浪底部的低點經常低於a點之下，為a浪長度的0.618倍。

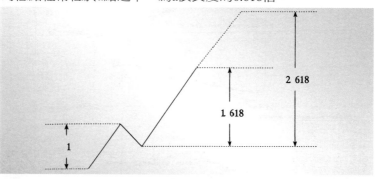

圖4-2

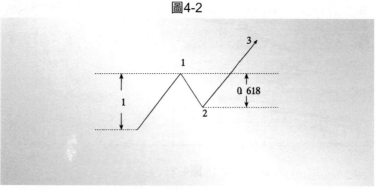

圖4-3

黃金分割率不僅僅為技術分析者和一般投資者作大勢分析提供了波幅計算的依據，它也能提供個股從空頭市場轉入多頭市場，或由多頭市場轉入空頭市場的時機與價位，即可作個股的波幅計算的依據，亦可作為個別股票買賣操作的依據。

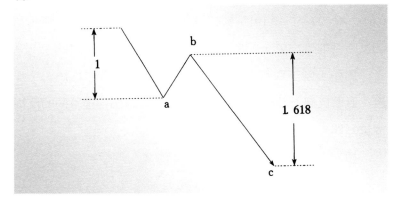

圖4-4

　　當空頭市場結束，多頭市場展開時，投資者最關心的是"頭"在哪裏？事實上，影響股價變化的因素極多，要想準確地掌握上升行情的最高價是不大可能的，因此，投資者所能做的，就是依據黃金分割率計算可能出現的股價反轉點，作為操作參考。

　　當股價上漲脫離低檔，從上升的速度和持久性，依照黃金分割率，其漲勢會在上漲幅度接近或達到0.382與0.618時發生變化。也就是說當上升接近或超越38.2％與61.8％時，就可能出現反壓，有反轉下跌而結束上升行情的可能性。當上升行情展開時，除了0.382與0.618是上漲幅度的反壓點外，其間也有一半的反壓點，而0.382的一半0.191則是重要的依據。因此，當上升行情展開時，要預先測定一下股價上升能力與可能反轉的價位，可將之前下跌行情的最低點乘以0.191、0.382、0.618、0.809（1－0.191）與1。當股價上漲幅度超過1倍時，它的反壓點則是1.191、1.382、1.618、1.809與2，依此類推。

　　例如，當下跌行情結束前，某股的最低價位為10元，那麼，股價反轉上升時，投資者可以預先計算出各種不同的反壓價位，即：

　　　10×（1＋19.1%）＝11.9（元）

　　　10×（1＋38.2%）＝13.8（元）

　　　10×（1＋61.8%）＝16.2（元）

　　　10×（1＋80.9%）＝18.1（元）

　　　10×（1＋100%）＝20（元）

　　　10×（1＋119.1%）＝21.9（元）

　　然後，再依照實際股價變動情形做斟酌。

　　當多頭市場結束，空頭市場展開時，投資者最關心的是"底"在哪裏？其影響因素也極多，而無法完全掌握；但從黃金分割率中可計算跌勢進行中的支撐價位，增強投資人逢低買進的信心。

當股價下跌，脫離高檔，從下跌的速度和持久性，依照黃金分割率，它的跌勢也會在下跌幅度接近或達到0.382與0.618時發生變化。也就是說，與上升行情相同，當下跌幅度接近或超過38.2％與61.8％時，就容易出現支撐，有反轉上升而結束下跌行情的可能。當下跌行情展開時，除了0.382與0.618有支撐外，在0.191與0.809同樣有支撐的效力。

　　例如，當上升行情結束前，某股最高價為30元，那麼，股價反轉下跌時，投資者也可計算出各不同的支撐價位，即：

30×（1－19.1％）＝24.3（元）

30×（1－38.2％）＝18.5（元）

30×（1－61.8％）＝11.5（元）

30×（1－80.9％）＝5.7（元）

　　在一個投機性較濃的股市中，黃金分割率用於大勢分析的有效性則高於個股分析。因為在投機性較濃的股市中，部分個股（如投機股）在做手介入下，極易出現暴漲暴跌的走勢，且因人潮的跟進與湧出，漲時會漲過頭、跌時會跌過頭，如用刻板的計算公式完全抓住頂部或底部的準確率也相對降低。但是，綜合指數則不一樣，它是反應一國的政治、經濟等各方面變動情況的綜合指標，人為因素雖然存在卻比個股緩和得多，因此，掌握大勢頂部和底部的機會也較大。

三、對黃金分割率的評價

黃金分割率的奇異數字，由於沒有嚴格的理論作為依據，所以有人批評是迷信、是巧合，也一直難以說出道理。

黃金分割率為艾略特所創的波浪理論所運用，成為世界上聞名的波浪理論的基礎，廣泛地為投資者所採用。股市技術分析的專業人士將這一定律引用在股票市場和期貨市場，探討股票與期貨的價位變動的時間周期與波動幅度，具有很強的功效，使這一定律一直沿用至今，成為投資者預測未來股價和期貨變動趨向和幅度的主要工具之一。奇異數字真的只是巧合，還是大自然一切生態都可以用奇異數字解釋呢？這個問題只能仁者見仁：智者見智。但在證券市場技術分析領域，黃金分割率無人不知，無人不曉，作為投資者不能不對此進行研究，加以應用，只是不能過於執著而已。

複習思考題：

1. 什麼是黃金分割率？
2. "斐波那奇序列數" 有哪些特點？
3. 如何運用黃金分割率對時間周期進行測算？
4. 如何運用黃金分割率對波浪幅度進行測算？
5. 你對黃金分割率如何評價？

第五章　K線圖

　　時間與價位是技術分析不能缺少的兩個因素，而圖表分析恰恰體現了時間與價位的重要作用。

　　作為圖表分析重要內容之一的K線分析技巧，是世界上最古老的圖表分析方法。K線發源於日本，問世的時間可推溯至公元1750年，較之西方的形態分析柱狀圖或者道氏理論，提早了多年。K線雖然古老，但基本技巧卻甚為先進，比起西方的柱狀圖分析，有過之而無不及，至今仍是技術分析最常用的工具之一。

　　K線能使技術分析人員掌握更多的市場內部人氣訊息，從而大大提高了分析預測的準確性，大致掌握股市的趨勢，它是投資者使用的一種有力的技術分析工具。

　　運用K線進行技術分析時，我們可結合其他分析方法，來相互印證比較，從而提高K線分析的可靠性。

第一節　K線圖的基本內容

一、K線圖的產生

　　K線起源於公元1750年的日本德川幕府時代，由大阪堂島米商本間宗久設計，用來記錄米市價格的波動變化。這種圖形類似於蠟燭，所以稱之為蠟燭圖。日本文化深受中國古代文化的影響，把市場中的買賣雙方視作陰陽對立，買方呈強勢，視為"陽"；賣方呈強勢，視為"陰"；蠟燭圖可以明顯區分陰陽差異，所以也稱之為陰陽燭。據說，日本將技術分析稱為罰線，而罰線日文讀音為K，因此引入我國後稱之為K線。

經過數百年的使用與改進，K線已經成為當今世界證券市場最常用的技術分析方法，也是一種有力的技術分析方法。

二、K線圖的繪法

K線圖的畫法很簡單。以橫軸代表時間，每一格可表示一日、一周、甚至一個月，它可根據分析者意圖和分析時間的長短而定。縱軸用來代表指數或價位。以下行文，當用價位表述時，對指數亦適用。

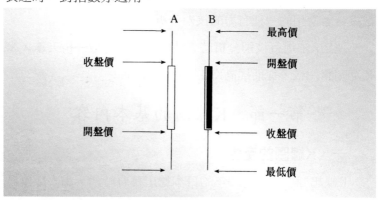

圖5-1

在圖5-1A中，記錄了低開高收的市況。以單日K線為例，上方的直線，我們稱之為上影線，其頂端代表為當日的最高價位；下方的直線，我們也稱之為下影線，它的末端也代表示當日的最低價位；中間矩形部分（蠟燭），我們稱之為實體，其上沿表示當日的收盤價位，下沿則表示當日的開盤價位，用空心或紅色表示。這樣的K線，我們稱之為陽線（陽燭）。

在圖5-1B中，記錄了高開低收的市況，仍以單日K線為例，上方的直線，我們稱為上影線，其頂端也代表當日的最高價位；下方的直線，我們也稱為下影線，它的末端表當日的最低價位；中間的矩形部分，亦稱為實體，但其上沿，表示當日的開盤價位，下沿代表當日的收盤價位，此時，實體部分用黑色或藍色表示。如此的K線，我們稱之為陰線（陰燭）。

K線圖從其構造來看，可分為三個部分：上影線、下影線及中間的實體。它們分別用來表示當日的開盤價、最高價、最低價及收盤價。

K線圖所表達的涵義，較為細膩敏感。大致上來說，當日高開或低開，是買賣雙方經過前一日交戰後預期心理的反應。從前一日的收市之後到當日的開市，這當中隨著時間的推移，也許周圍的環境事物起了變化，例如政策、經濟條件、消息面的變化，促使投資者重新考慮自己的買賣抉擇。

K線圖

可以說，開盤價是一天開始交易時，多空雙方的楚河漢界，雙方在此互相攻城掠地。

當新的一日交易開始後，市場上看好的不斷地買進，形成買力強於賣力，將價位向上推進，以至於收盤時價位比開盤價位高，此時就會在K線圖上形成陽線。反之，當日在市場上看淡的不斷賣出，形成賣力強於買力，將價位向下壓低，使得收盤價位較開盤價位低，那時在K線圖上則形成了陰線。因此，可以說收盤價位是一天交易中，多空雙方力量對比的定格。投資者可從收盤價上研判市場上多方與空方的力量強弱。

三、K線的種類

由K線的實體與影線的不同組合，產生了不同的K線，仔細劃分，K線可分為以下幾類：

㈠ 陽線

陽線有大陽線、小陽線、帶上影線的陽線、帶下影線的陽線及上下均帶影線的陽線等五種。就陽線而言，由於屬低開高收的格局，表明多方力量較強。那麼，五種不同的陽線所表達的多方力量較強的程度如何？

1. 大陽線

大陽線的實體較長，上下均無影線，如圖5-2。這是多方發揮最大力量的表現，當其在盤局末期出現時，表明多方已占上風。

2. 小陽線

小陽線的實體較短，上下均無影線，如圖5-3。這種K線的上下價位波動有限，多方力量雖強，但由於時機未成熟，不敢深入攻擊，而空方當日雖作戰失敗，但仍有反攻的力量與機會。

3. 帶上影線的陽線

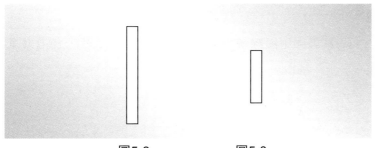

圖5-2　　　　圖5-3

這種K線屬上升抵抗型，多方受空方的賣壓，使股價上升遇到阻力，這時，多方力量的強弱程度由陽線的實體與上影線的長度比較而確定。此類K線可細分為三種：

(1)實體長於上影線，如圖5-4A。它表示多方雖受挫折，但仍在當日戰鬥中占上風，這時多方力量最強。

(2)實體與上影線幾乎等長，如圖5-4B。這說明多方向高價位推進，空方壓力迅速增強，這時多方力量僅次於上一K線。

(3)實體短於上影線，如圖5-4C。它表明多方力量受到嚴峻考驗，空方準備在次日的交易中全力攻占多方的堡壘，即陽線的實體，這是多方力量最弱的一種。

4. 帶下影線的陽線

此種K線是先跌後漲型，多方在低價位有支撐，且當日收在最高價位，空方受到挫折。這類K線也可細分為三種：

(1)實體長於下影線，如圖5-5A。這是多方力量最強的一種。

(2)實體與下影線幾乎等長，如圖5-5B。這時，多方力量僅次於上一種K線。

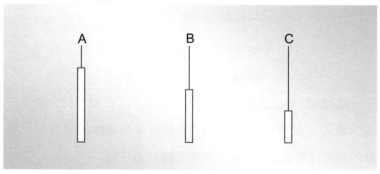

圖5-4

(3)實體短於下影線，如圖5-5C。這是多方力量在此類K線中最弱的一種。

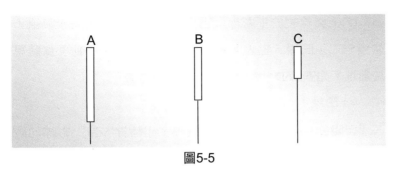

圖5-5

5. 上下均帶影線的陽線

這種K線的出現，表明多空雙方無一方完全控制局勢，股價雖在高價位無法站穩，有低於開盤價的成交，但收盤價位仍高於開盤價位。這類K線可分為：

(1)上影線長於下影線　它包括兩種：實體長於影線，如圖5-6A，表示多方雖受挫折，仍占優勢；實體短於影線，如圖5-6B，表示多方受挫折。

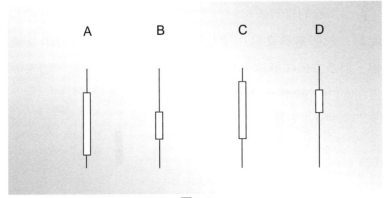

圖5-6

K線圖

(2)上影線短於下影線　它亦包括兩種：實體長於影線，如圖5-6C，同樣，它表明多方雖受挫折，仍居主動；實體短於影線，如圖5-6D，表示多方尚需接受考驗。

㈡ 陰線

與陽線相似，陰線亦有大陰線、小陰線、帶上影線的陰線、帶下影線的陰線及上下均帶影線的陰線等五種。陰線屬高開低收，表明空方力量較強。五種陰線所表達空方力量的強弱程度又如何？

1. 大陰線

大陰線的實體較長，上下均無影線，如圖5-7。它表明空方在當日的交易中占絕對優勢，尤其當大陰線出現在盤局末期或轉勢初期，說明多方力量已崩潰。

2. 小陰線

小陰線的實體較短，上下均無影線，如圖5-8。小陰線的出現，說明當日交易中價位的上下波動較小，空方力量雖強，但多方仍在抵抗，空方僅能將股價逐漸向下壓，儘管多方在當日的爭鬥中失敗，但仍有反攻的力量與機會。

圖5-7　　　　　　　　　　圖5-8

3. 帶上影線的陰線

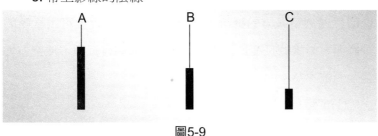

圖5-9

這種K線是先漲後跌型，它顯示空方力量的充分發揮，以致多方陷於困境，透過陰線實體與上影線的長度比較，可決定空方力量強弱程度。此類K線可分為三種：

(1)實體長於上影線，如圖5-9A。它表示多方雖意圖振作，但受到空方的壓制，說明空方勢力強大。

(2)實體與上影線幾乎等長，如圖5-9B。它表明空方居主動地位，局勢對空方有利。

(3)實體短於上影線，如圖5-9C。它表示空方雖在高價位擊退了多方，但在整日的交易中，空方僅占少許優勢，空方的堡壘在次日的交易中，很容易被多方攻占。

4. 帶下影線的陰線

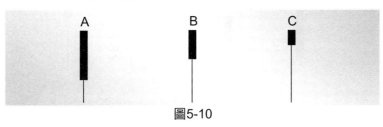

圖5-10

此種K線是下跌抵抗型，它表示雖然空方力量強大，但在低價位遇到了多方的抵抗。空方力量的強弱程度可由陰線的實體與下影線的長度比較來確定，此類K線有三種，依空方力量強弱依次為：

　　(1)實體長於下影線，如圖5-10A。

　　(2)實體與下影線幾乎等長，如圖5-10B。

　　(3)實體短於下影線，如圖5-10C。

　　5. 上下均帶影線的陰線

　　這種K線的出現，說明多空雙方無一方完全控制局勢。在當日的交易中，股價曾在開盤價位上成交，但空方漸漸處於主動，使股價跌到開盤價位以下，然而收盤前多方轉強，不至於以最低價收市。這類K線可分為：

　　(1)上影線長於下影線　它包括兩種：實體長於影線，如圖5-11A，表示空方雖然受挫折，但仍占優勢；實體短於影線，如圖5-11B，表示空方力量受挫。

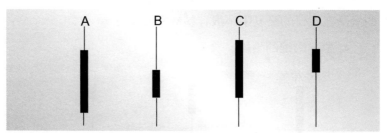

圖5-11

(2)上影線短於下影線　它亦有兩種：實體長於影線，如圖5-11C，這表明空方雖遇挫折，仍居主動；實體短於影線，如圖5-11D，表示空方尚需經受考驗。

㈢ 十字線

這種K線的開盤價與收盤價相同，因此，實體用一橫線代表。它表示多空雙方幾乎是勢均力敵，多空雙方對當前趨勢彼此有所僵持，且態度謹慎。依十字線的上下影線長度的比較，可分為三種：

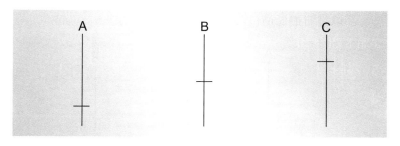

圖5-12

1. 上影線長於下影線

這種十字線，如圖5-12A。它表示賣壓較重，若上影線愈長，則賣壓愈重。

2. 上影線與下影線幾乎等長

這種十字線，如圖5-12B，我們稱之為轉勢線。它是升跌轉換型，說明當多空雙方一旦有某一方略占優勢，行情即可能轉換或走出盤局。

3. 上影線短於下影線

這樣的十字線與第一種十字線正好相反,如圖5-12C。它則表示買力旺盛,若上影線愈短,那麼買力愈旺。

㈣ T字線、倒T字線

T字線(圖5-13A)和倒T字線(圖5-13B)的相同之處是開盤價與收盤價相同。所不同的是:T字線的出現,說明當日都在開盤價以下進行交易,最後以當日最高價位收盤,表示空方力量有限,而就倒T字線而言,當日都在開盤價上方進行交易,卻以當日最低價位收市,表明多方無力挺升。

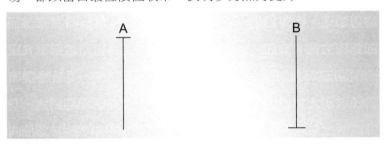

圖5-13

㈤ 一字線

這種K線極少出現,僅發生在交易非常冷清的時候,全日交易只有一檔價位成交,通常這種情形當日的成交量很小。

第二節　K線圖的研判

一、單日K線的研判

單日K線的研判是根據已有的一根K線，透過多空雙方在隔日的交易日中成交價位變化的情況，預測該日可能出現的局勢的一種方法。單日K線的研判有：

㈠ 大陽線

　　上一交易日的大陽線顯示了多方攻勢強烈，獲得了全面勝利，而空方則全線潰敗。在當日交易的開盤之後，如果屢次出現了新的高價，表明多方力量仍然強大，這可能有主力介入，當日高價收盤的可能性較大；如果股價回跌陽線實體內，但未在實體四端，這是多空雙方正在短兵相接，多方雖受空方壓力，並不意味空方占優勢，應注意情況的變化；如果多空雙方的戰區發生在陽線實體的下端，可能是空方利用突發的利空打壓行情，多方無力進攻，說明空方已控制了局勢，當日很可能出現大陰線。

㈡ 大陰線

　　與大陽線相反，上一交易日的大陰線，顯示了空方氣盛，而多方則全面潰敗。在當日交易的開盤之後，如果屢次出現新低，表明空方力量仍大，可能有主力介入，當日低價收盤的可能性較大；如果多方發動反攻，切入陰線的實體內，但未在實體上端，表示空方受到多方挑戰，而多方並不一定已居上風，尚需進一步觀察多空雙方力量的變化；如果多方利用突發的利多消息快速拉高行情，空方無力抵抗，使雙方在陰線實體的上端交戰，說明當日多方掌握大局，很可能出現大陽線。

㈢ 帶上影線的陽線

帶上影線的陽線出現，說明該交易日以最低價開盤後，多方一路上攻衝到高價區，在空方的抵抗下，收盤於次高價，這時多方處於優勢。若上影線不是很長，在下一交易日的開盤之後，多空雙方交戰區域發生：在影線上端，表示多方力量強大，有創新高的能力，局勢有利於多方；在影線部分，表示多方雖在上一交易日中受到小挫，但已重整旗鼓，與空方正面交戰，以奪取上一日暫失的城池；在實體部分，表示空方繼上一日將多方從高價擊退後，乘勝追擊，多方此時處於被動地位，形勢對多方較為不利；在實體下端，這是空方利用突發的利空發動全力進攻，此時的多方已無鬥志，當日收盤陰線居多。

㈣ 帶上影線的陰線

這種K線的出現，表明該日以較高價開盤後，多方雖向上推進，但後繼乏力；而空方乘機發力，使股價一路走低，最後收盤在最低價位，多方處於劣勢。這樣在隔日的交易開盤之後，多空雙方戰區發生：在影線上端，這是多方受到利多的鼓舞，振奮鬥志，全力反攻，而空方無力抵抗的情形，當日收盤極可能是長陽線；在影線部分，這是多空雙方在高價區交戰,空方處於被動地位,局勢對多方有利,當日收盤亦可能是長陽線或中陽線;在實體部分,這是多空雙方短兵相接的局勢,並不表示空方力量已經削弱;在實體下端,表示空方力量強大,乘勝追擊,有能力再創新低,局勢有利於空方,而對多方不利。

㈤ 帶下影線的陽線

帶下影線的陽線表明:該日的交易以較低價開盤後,多方雖遭空方狙擊,股價曾一度下探,但在多方的努力下,股價上揚,並且收盤於最高價位,多方取得了勝利。若下影線不是很長,在下接的交易日開盤後,多空雙方交戰處:在實體上端,表示多方力量不減,有能力創新高,而空方退卻,局勢有利於多方;在實體部分,這是多空雙方短兵相接的區域,並不意味著多方失去主動;在影線部分,這時空方已突破了多方防線,而多方無力反攻,當日收陰線的可能性較大;在影線下端,這是多方處於劣勢的表現,已沒有了抵抗能力,而空方可能利用突發性利空消息全力進攻,掌握了局勢。

㈥ 帶下影線的陰線

上一交易日出現帶下影線的陰線,表示該日以最高價開盤後,空方一路向下攻擊,在低價區遇到了多方抵抗而收盤於次低價,表示空方處優勢地位。那麼,在當日的交易開盤後，多空雙方的爭奪：在實體上端，大多是受到突發的強勁利多的刺激，多方發起強大反攻，摧毀了空方的堡壘，表示多方占盡優勢；在實體部分，這時多空雙方互不相讓，對空方力量不能忽視，應注意多空方力量的變化；在影線部分，表示多方被迫後撤防線，空方力量稍強，局勢有利於空方；在影線下端，這是在新的低價區域的交戰，表示空方發動全力進攻，而多方無力再戰，當日以長陰線或中陰線收盤的可能性較大。

　　㈦ 帶上下影線的陽線

　　上一交易日是帶上下影線的陽線，表明了該日總體趨勢為開高走低，但上下影線的出現，說明既有創高又有探底，從而多空雙方無一方完全控制局勢。當今日的交易開盤後，多空雙方的交戰位置：在上影線的上端，這是多方全力發動進攻，在新高價區域與空方交戰，說明空方力量退卻，而多方控制了局勢，當日收長陽線的可能性居大；在上影線部分，此時的空方雖然處於劣勢，但仍與多方拚鬥，多方隨時有可能擊退空方的抵抗，當日盤出現陽線的機會較大；在實體部分，這是空方的反攻，而多方並未退讓，說明多空雙方處於短兵相接階段，勝負由多空雙方力量的增減決定，應關注盤面情況的變化；在下影線部分，此時，多方上一交易日的堡壘已被空方摧毀，表示空方力量強大，局勢對多方不利，可能還會下探創新低，當日收盤出現陰線可能性較大；在下影線的下端，這往往是空方憑利空消息的出現，全力出擊，不但摧毀了多方的陣地，而且在新的低價區與多方交戰，多方已無力招架，當日很可能以長陰線收盤。

(八) 帶上下影線的陰線

此種K線的出現，表示該日總體趨勢是開高走低，上下影線的出現，亦說明既有創高又有探底，因此，多空雙方並無一方完全控制了局勢。那麼，在隔日的交易日開盤之後，多空雙方的作戰區域發生：在上影線的上端，這常是多方藉利多消息的出現，奮力出擊，空方棄守陣地無力抵抗，而且成交處於新的高價區域，當日很可能以長陽線收盤；在上影線部分，多方已突破了空方上一交易日的陣地，而空方已失去了控制能力，空方處於被動地位，可能出現高價收盤；在實體部分，這是多方的反攻，空方亦不退讓，雙方處於短兵相接的情況，勝負取決於多空雙方力量的轉變，應注意盤面的變化；在下影線部分，這是空方再度攻擊多方，而多方以守為攻，處於被動地位，空方隨時可能擊退多方再創新低，當日收盤以陰線出現的可能性居大；在下影線的下端，這是空方全力發動進攻，在新低價區與多方交戰，而多方已無心戀戰，說明空方不但力量強大，而且控制了局勢，當日很可能以長陰線收盤。

(九) 十字線

十字線的出現，表示多空雙方實力相當，不分勝負，可謂勢均力敵，十字線亦可稱為轉機線，其涵義是視它位於高價區或低價區所顯示出多空雙方力量的消長，用以研究行情的轉折。一般在高價區或低價區出現這種多空相當的走勢，起碼意味著反轉變盤的跡象。

就十字線研判的作用，單日研判不如綜合多日K線研判明確，而在K線轉勢訊號的研判中，十字線更顯示了重要作用，我們將在K線的轉勢中再予以介紹。

二、雙日K線的研判

單日K線的研判只是根據單獨的某一日的情況進行分析，從而做出的研判結果是靜態的。與單日K線研判不同，雙日K線的研判則是對兩天的行情變化情況進行比較分析，做出動態的描述，然後再進行研判，所以提高了研判結論的可靠性與準確性。雙日K線的研判主要有：

(一) 覆蓋線

覆蓋線有兩種形式：

1. 第一日為大陽線，第二日卻為相當長的陰線所覆蓋，如圖5-14A所示。這種K線變化說明多方在第一日取得優勢的基礎上，第二日欲繼續擴大戰果，但無奈空方力量驟然增強，受到蜂擁而出的獲利籌碼和解套籌碼的打壓，收盤是一

根與第一日實體相當的陰線。這種形態表示空方力量強於多
方，短期內有反轉向下的可能性。

2. 第一日為大陰線，第二日卻為相當長的陽線所覆蓋，
如圖5-14B所示。這種K線變化說明空方在第一日取得優勢的
基礎上，第二日欲繼續擴大戰果，但由於買盤增加，資金大
量介入，收盤是一根與第一日實體相當的陽線。這種形態表
示多方力量強於空方，短期內有反轉向上的可能性。

(二) 迫切線

迫切線有兩種形式：

1. 第一日為大陽線，第二日卻產生了小陰線，而第二日
小陰線的收盤價與第一日大陽線的收盤價持平，如圖5-15A所
示。這種K線變化說明多方在第一日取得優勢的基礎上，第二
日欲繼續擴大戰果，但遇到空方的強烈狙擊，上檔空方力量
強大，而據兩日的收盤價處於相同價位來看，多空雙方暫時
打成平手。這種形態表示漲勢受到了阻礙。

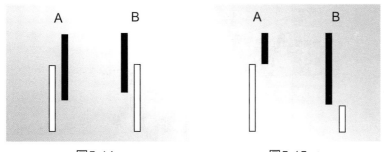

圖5-14   圖5-15

2. 前一日為大陰線，第二日卻產生了小陽線，而這兩日的收盤價持平，如圖5-15B所示。這種K線變化說明空方在第一日取得優勢的基礎上，第二日欲繼續擴大戰果，但遇到多方的強烈抵抗，下檔多方力量強大，而據兩日的收盤價持平來看，多空雙方暫處於相持階段。這種形態表示跌勢受到了阻礙。

㈢ 迫入線

迫入線有兩種形式：

1. 第一日為大陽線，第二日卻產生了小陰線，而第二日小陰線的收盤價低於第一日大陽線的收盤價，如圖5-17A所示。這種K線變化說明多方在第一日取得優勢的基礎，第二日繼續向上攻擊，但遇到空方的全力狙擊，以第二日的收盤價低於第一日的收盤價來看，空方已滲透到多方陣地，取得了主動。這種形態與迫切線相似，表示漲勢受到了阻礙，短期有回檔下跌的可能。

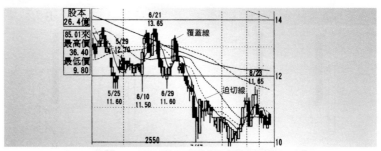

圖5-16 日線圖中覆蓋線與迫切線

2. 第一日為大陰線，第二日卻產生了小陽線，而第二日小陽線的收盤價高於第一日大陰線的收盤價，如圖5-17B所示。這種K線變化說明空方在第一日取得優勢的基礎上，第二日繼續向下打壓，但遇到多方的全力反擊，以第二日的收盤高於第一日的收盤價來看，多方已滲透到空方陣地，取得了主動。這種形態亦似迫切線，同樣表示跌勢受到了阻礙，但短期有反彈上升的可能。

㈣ 切入線

切入線有兩種形式：

1. 第一日為大陽線，第二日卻出現了大陰線，雖然第二日的大陰線未將第一日的大陽線全部遮蓋，但第二日的開盤價比第一日的收盤價略低，且第二日的收盤價已處於第一日大陽線的二分之一以下，如圖5-18A所示。這種K線變化說明多方雖在第一日交戰中取得了優勢，但力量已經耗盡，陣地並不穩固，短線者居多，第二日開盤即有跳低開盤，亦有可能第一日的大陽線是主力拉高出貨的陷阱，這種形態表示近日內股價可能跌至大陽線的底部以下。

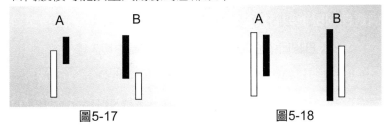

圖5-17　　　　　　　　圖5-18

108

2. 第一日為大陰線，第二日卻出現了大陽線，雖然第二日的大陽線未將第一日的大陰線全部吞沒，但第二日的開盤價比前一日的收盤價略高，且第二日的收盤價已處於第一日大陰線的二分之一以上，如圖5-18B所示。這種K線變化說明空方雖在第一日取得了優勢，但力量已經用盡，第二日的交戰中空方陣地全面失守，出現了空翻多現象，亦有可能第一日的大陰線是主力壓低進貨的陷阱，這種形態表示近日內股價可能漲至大陰線的頂部以上。

㈤ 包入線

包入線有二種形式：

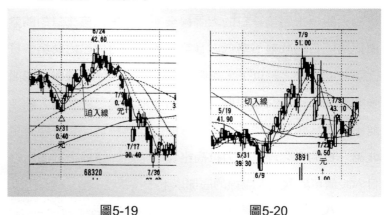

圖5-19　　　　　　　圖5-20

日線圖中迫入線　　　日線圖中切入線

1. 第一日為大陽線，第二日卻出現了大陰線，且大陰線完全吃掉了大陽線，如圖5-21A所示。這種K線變化說明多方雖在第一日取得優勢的基礎上,第二日努力上攻,但無奈空方力量過於強大,以致把多方的戰果摧毀殆盡,這種形態表示反轉向下的情況將出現。

2. 第一日為大陰線,第二日卻出現了大陽線,且大陽線完全吃掉了大陰線,如圖5-21B所示。這種K線變化說明空方雖在第一日取得優勢的基礎上,第二日奮力下攻,但無奈力量已經用盡,而多方卻有大量買盤介入,以致令空方的戰果化為泡影,這種形態表示反轉向上的情況將出現。

㈥ 懷包線

懷包線有兩種形式:

1. 第一日為大陽線,第二日卻是大陰線,但大陰線縮至大陽線中,如圖5-22A所示。這種K線變化說明空方在第二日的交易中聚集力量,全力攻擊多方,但從陰線實體短於陽線實體來看,顯示空方力量稍弱。這種形態表示:若多方隨後能再創新高吞沒陰線,主動權仍由多方掌握;若多方隨後未能吞沒陰線,則反轉向下的情況將出現。

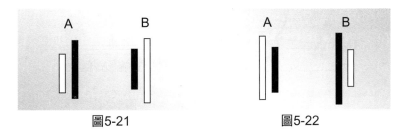

圖5-21   圖5-22

2. 第一日為大陰線，第二日卻是大陽線，但大陽線縮至大陰線中，如圖5-22B所示。這種K線變化說明多方在第二日的交易中重新構築陣地，奮力反擊空方，但從陽線實體短於陰線實體來看，顯示多方力量稍弱。這種形態表示：若空方能在短期內再創新低，以吞沒這根陽線，空方的主導地位穩固；若空方未能在短期內吞沒這根陽線，則反轉向上的情況將出現。

㈦ 回轉線

回轉線的兩種形式為：

1. 第一日為陽線，第二日卻出現了一根實體較第一日陽線實體長得多的陰線，且第二日開盤價處於第一日的陽線的實體中，如圖5-25A所示。這種K線變化說明當多方耗盡力量的最後一擊過後，空方取得了最後的勝利，這是極明顯的反轉向下形態。

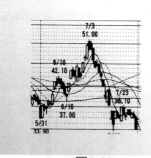

圖5-23
日線圖中包入線

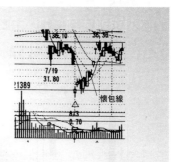

圖5-24
日線圖中懷包線

2. 第一日為陰線，第二日卻出現了實體較第一日陰線長得多的陽線，且第二日開盤價處於第一日的陰線的實體中，如圖5-25B所示。這種K線變化說明當空方的最末一次打壓過後，多方取得了勝利，這是極明顯的反轉向上形態。

㈧ 星線

星線的兩種形式為：

1. 第一日為大陽線，第二日向上跳空出現了帶上影線的小陰線，如圖5-26A所示。這種K線變化說明多方欲在第一日取得勝利的基礎上更進一步，但獲利籌碼大量湧出，以致跳空高開後一路走低收盤，若次日不再跳空上衝，一般地將會出現大回檔，但這種形態出現在個股上，有可能是主力的洗盤。

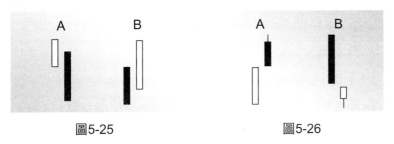

圖5-25　　　　　　　　圖5-26

2. 第一日為大陰線，第二日向下跳空出現了帶下影線的小陽線，如圖5-26B所示。這種K線變化說明空方欲在第一日取得勝利的基礎上更進一步，但出現大量的逢低買盤，以致跳空低開後一路走高收盤，若次日不再跳空向下，一般地將會出現有力的反彈，但這種形態出現在個股上，亦有可能是主力的誘空。

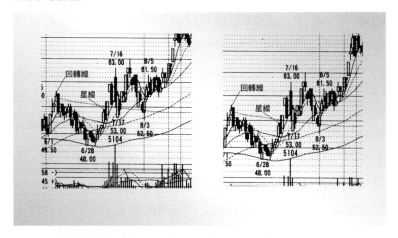

圖5-27
日線圖中回轉線

圖5-28
日線圖中星線

㈨ 平行線

平行線的兩種形式為：

1. 第二日的陽線延續第一日的陽線，如圖5-29A所示。這種K線變化說明多方力量雄厚，愈戰愈勇，而空方潰不成軍，節節敗退，這種形態表示多方氣勢旺盛，掌握了近期的主動。

2. 第二日的陰線延續第一日的陰線，如圖5-29B所示。這種K線變化說明空方力量很強，連連獲勝，表示空方近期的主動地位不可動搖。

圖5-29

三、多日K線的研判

雖然雙日K線的研判彌補了單日K線研判的缺憾，但若市場主力對大勢尚無控制能力，而對單日、雙日或短期走勢卻能予以控制，那麼，為避免在研判上受到市場主力的騙線，實有必要對連續二日以上的多日K線加以分析、研判，從而得到更可靠的研判結論。多日K線的研判主要有：

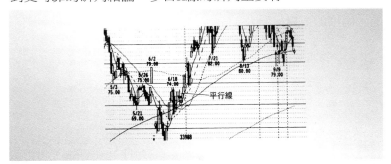

圖5-30　日線圖中平行線

㈠ 三條同高型

這種形態的K線連續三日的漲幅大致相同，如圖5-31所示，應當注意此種情形出現的機會不多，若連續三日都是中或長陽線，表示漲幅已大，隨時會有獲利回吐的浮碼出現，可考慮暫時退出觀望。這種靠不斷地換手來將價位拉高的盤面隨著價位的升高會逐漸增加供應的籌碼，以致出現供大於求的情況。

㈡ 前長後短型

前長後短型是第一日行情大漲，隨後出現漲勢減弱，如圖5-32所示。這種形態表示雖然在第二日或第三日仍以陽線收盤，但跟進力量減少，不宜追高。若行情向下跌破第一日的最低點，宜退出觀望。若在大陽線之後的第二、第三日出現連續的小陰線，而這兩小陰線又無法跌破大陽線的中價（a線）或最低價（b線）時，應謹防主力的誘空，待形成軋空時，將有大幅度的上揚。

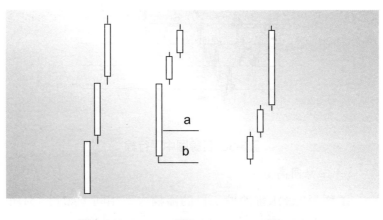

圖5-31　　　　圖5-32　　　　圖5-33

㈢ 前短後長型

這種形態的K線在第三日出現大陽線，擺脫了前兩日小幅度行情的局面，如圖5-33所示。它表示為空頭回補，市場投資者趨於一致看好。

㈣ 階梯上升型

階梯上升型的連續數日陽線都有較長的上影線與下影線，如圖5-34所示。這種形態表示在低價位有承接力，但在高價位亦有壓力，行情呈膠著掙扎的狀況，常出現在頭部或底部。若行情漲升已久而出現此形態時，應視為賣出信號。反之，視為買進信號。

㈤ 上升待變型

上升待變型如圖5-35所示。它與階梯上升型的不同在於第三日的小幅回跌，表示出多方力量的轉弱、退卻。若第四日多方能夠站穩在第二日的最高價之上時，可再追高買入。

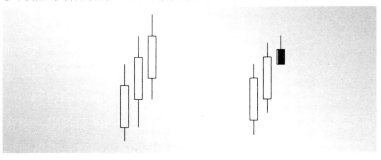

圖5-34　　　　　　　　圖5-35

㈥ 陽線轉陰線

這種形態的K線在第一日拉出大陽線後，多方力量減弱，空方乘機反擊，但空方力量尚弱，連續進攻二日，才攻占了多方部分陣地，如圖5-36所示。它表示多方即將發動反攻。

㈦ 緩步上升型

緩步上升型的K線如圖5-37所示。這種形態表示在第一日拉出大陽線後，多方並不急於繼續攻擊，而是在大陽線上連續多日以小陽線作強勢調整，續之再以大陽線突破。這意味著空方力量的退出，多方控制了局勢，後市仍可看好。

㈧ 上升抵抗型

上升抵抗型的K線如圖5-38所示。與緩步上升型類似，區別在於第四日出現了小陰線，這是多方在拉出大陽線之後利用市場人士心理進行洗盤與誘空，在經過整理後再以大陽線突破，漲勢強勁有力，後市仍然看好。

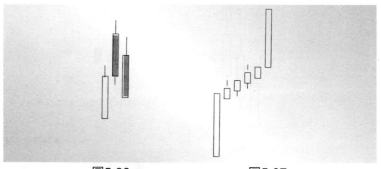

圖5-36　　　　　　　　圖5-37

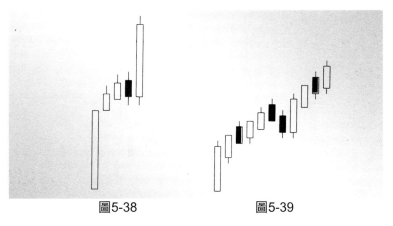

圖5-38　　　　　圖5-39

㈨ 上升中繼型

上升中繼型的K線如圖5-39所示。這是在多根陽線中夾雜著一些小陰線的回檔整理，經過清洗浮動籌碼，再向上拉出陽線，緩步地將股價往上推進，其特徵為陰線和最低價均未跌破前面二日陽線的收盤價位，且陰線當日的行情上下波幅不大。這種形態常出現在多頭市場中缺乏強而有力的主力關照的個股，其趨勢為隨大勢上漲，本身並無很好前景。

㈩ 跳空上升型

跳空上升型的K線如圖5-40所示。當行情處於盤局時，主力開始重新考慮漲跌方向，並進行收集和準備。在突破盤局時出現上升跳空，通常是此時有了突發性的利多消息，或是主力已暗中收集了足夠的基本籌碼，欲將股價拉高，此時應立即追進。

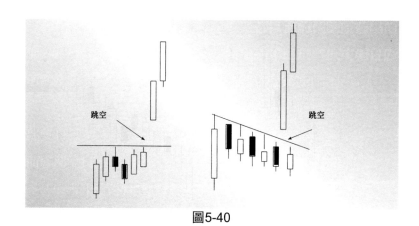

圖5-40

(土) 行情直瀉型

　　行情直瀉型的K線如圖5-41所示。當兩根陽線之後，出現了壓制力不強的兩根陰線，使短線者都認為多方取得了優勢，行情會再度上揚，不料第五日的低盤開出後賣盤大量湧出，行情突變形成長陰線，並覆蓋了前面兩日的陽線，多頭全面套牢。此處兩根陰線為標準的騙線。

(土) 中段整理型

　　中段整理型的K線如圖5-42所示，這種形態當出現在已有一段上升行情時，多方的獲利回吐助長了空方的打壓行情，但在多方主力的支撐下，空方力量發揮有限，只出現了連續無力的小陰線，且未能攻破第一日陽線的開盤價，多方待整理之後進行反攻，並且拉出了一根長而有力的陽線將空方一舉擊敗，表示多方仍居主動。

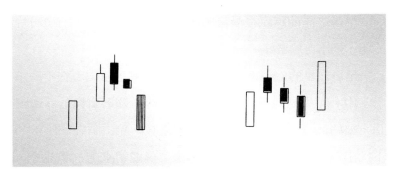

圖5-41　　　　　　　　圖5-42

　　與雙日K線的研判相似，多日K線的各種形態尚有相反的情形。在此僅指出一種：例如，連續三日跌幅大致相同的三根陰線可形成與三條同高型相反的三條同低型（不妨如此稱之），它表示經過三日交易跌幅已深，隨著價位的下跌會逐漸減少供應的籌碼，最後將出現供不應求的局面，可見其表達的涵義恰與三條同高型相反。其餘情形留給讀者考慮。

四、K線的轉勢

　　以K線圖觀察股價走勢，關鍵在於預測後市的趨勢，因此，能否即時正確地捕捉到市場將出現轉勢，對於使用K線圖進行技術分析的投資者而言顯得至關重要。K線的轉勢訊號主要有：

㈠ 星形轉勢

星形轉勢訊號是指以下幾種：

1. 早晨之星

早晨之星的寓意是晨星閃爍於太陽升起以前，前途一片
光明，後市自然看好。

　　早晨之星的K線組合如圖5-43所示。其通常出現在下跌市
勢當中，可先見到連續的中陰或長陰線，隨著賣盤的逐漸消
化，緊隨最後一根實體較長的陰線之後，第二日在該陰線的
下端出現了實體很短的陰線或陽線，形成了星的主體部分，
構成星形。第三日平地拔起一根實體較長的陽線，顯示多方
經蓄勢之後開始發動進攻，代表市勢可能見底回升。

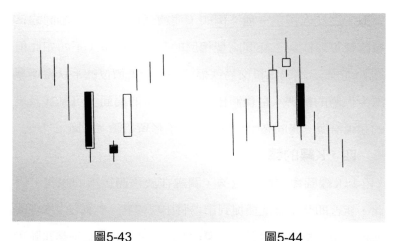

圖5-43　　　　　　　　　　　圖5-44

2. 黃昏之星

　　日暮之際，黃昏之星悄然出現，而後太陽即將落山，後
市理應看淡。

　　黃昏之星的K線組合與早晨之星相反，如圖5-44所示。其

常出現在上升市勢當中，隨著一段升勢最後出現一根實體較長的陽線，第二日在該陽線的上端出現了一根實體較短的陽線或陰線，構成星形部分。第三日多方抵擋不住空方進攻，拉出了一根實體較長的陰線，這是轉勢訊號，代表市勢可能見頂回落。

　　早晨之星或黃昏之星代表市勢可能反轉，如果同時出現下列三個因素，則轉勢訊號的準確率會大大提高。

　　第一，左右兩根K線與星形部分均出現缺口；

　　第二，第三根K線的收盤價已深入第一根K線的實體部分。

　　第三，第一根K線的成交量較小，而第三根K線的成交量較大。

　　3. 十字之星

　　十字之星有兩種，如圖5-45所示。單獨一顆十字星，已有轉向的意涵，至少表示上升或下跌的動力已經大幅度減弱，市場等待新的因素去衝擊，從而決定市場的方向，這從單日K線的研判中可以看到。當在一個上升市勢中出現十字星，接著又拉出了向下突破的陰線，其轉向下跌訊號便較為可信，這種形態可稱為黃昏十字星；相反趨向的形態稱之為早晨十字星，表示市勢可能見底回升。

K線圖

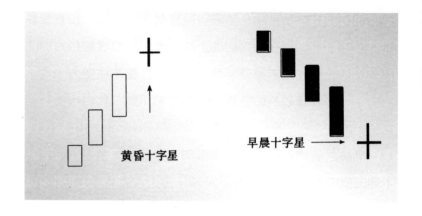

圖5-45

4. 射擊之星

　　射擊之星似欲向下射擊之箭，如圖5-46。其特徵是實體（陽線或陰線）較短，而上影線卻偏長。射擊之星常出現在上升市勢中，表示市場已喪失了上升的持久力，隨時可能見頂回落，如圖5-47所示。

　　單獨一顆射擊之星所發出的轉勢訊號的可靠性遠低於黃昏之星，只是升勢可能受阻的警戒信號。標準的射擊之星與前一根K線應有個跳空缺口，但在實際的研判中，缺口是否出現並不重要。

　　㈡ 錘頭與吊頸

　　錘頭與吊頸的K線完全一樣，如圖5-48。其特徵是實體短小，下影線特別長，實體部分陽線或陰線均可。

錘頭與吊頸形態的區分在於它們所處的位置不同。若在下跌市勢底部或低位區域出現，稱之為錘頭，見圖5-49A，屬見底回升訊號；若在上升市勢頂部或高價區域出現，則稱為吊頸，見圖5-49B，屬見頂回落訊號。

　　錘頭與吊頸形態的確定，基於以下三點：

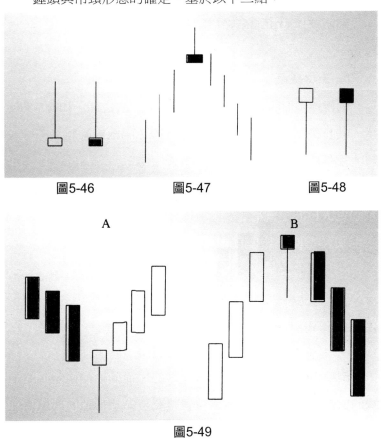

　　　圖5-46　　　　　　　圖5-47　　　　　　　圖5-48

　　　　　A　　　　　　　　　　　　　B

　　　　　　　　　　圖5-49

第一，實體部分出現的位置分別在近期股價的底部與頂部。

第二，下影線長度至少為實體的二倍以上。

第三，上影線必須極短，如果無上影線，則形態更為典型。

錘頭若以陽線或吊頸以陰線出現，後市轉向的可能性會增強。

㈢ 倒轉錘頭

倒轉錘頭形態介於射擊之星與錘頭二者之間，如圖5-50所示。其特點為：上影線較長，而實體（陽線或陰線）部分較短，且在當日股價的底部出現。

圖5-50

倒轉錘頭屬見底回升的轉向形態。從其形態來看，是倒置的射擊之星，亦即是所處位置是高位抑或低位，射擊之星在頂部出現，倒轉錘頭則在底部出現。

對倒轉錘頭形態的辨別有兩點應加以注意：

第一，倒轉錘頭出現之後，翌日向上跳空開盤，亦即兩
　　　根K線的實體部分出現缺口，是為典型的形態。

第二，倒轉錘頭出現之後，翌日雖未向上跳空開盤，但
　　　收於陽線，且收盤價較前日高，同樣可視作見底
　　　回升的轉勢訊號。

㈣ 穿頭破腳

穿頭破腳的形態由兩根K線組成，它有兩種形式，見圖5-
51。從其K線組合來看，第一日為陽線或陰線，而第二日則出
現了完全相反的局面，即第二日是陰線或陽線，且第二日的
陰線或陽線的實體全部包容了前一日陽線或陰線的實體所謂
穿頭破腳，就是指一根K線對另一根K線從頭到腳全部覆蓋。

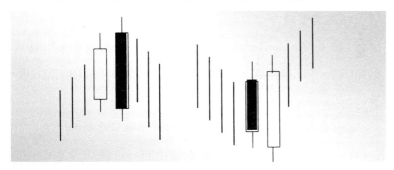

圖5-51

構成穿頭破腳的形態，須具備下列兩個條件：

第一，應有一個明顯上升或下跌的趨勢，亦可以是短期

的升跌趨勢。

　　第二，第二根K線的實體長度必須足以包含第一根K線的實體，上下影線可不予考慮。

　　當在上升市勢中，出現穿頭破腳形態，這是後市轉淡的訊號；反之，在下跌市勢中出現穿頭破腳形態，則是後市轉好的訊號。

　　若穿頭破腳的形態出現下列情形，其轉向的力度可能增加：

　　第一，兩根K線長度比例愈懸殊，其轉向的力度愈強。

　　第二，第二根K線的成交量愈多，轉向機會愈大。

　　第三，第二根K線所包容前面K線數量愈多，轉向力量愈強。

　　㈤ 烏雲蓋頂

　　晴轉多雲，乃至天色變暗，是即將下雨的徵兆。以烏雲蓋頂形容一種K線形態，便是指市場已面臨一種見頂回落的局面。

　　烏雲蓋頂的形態由兩根K線組成，如圖5-52所示。第一根K線是長陽線，第二根K線的開盤價比前一日最高價還高，但收盤價卻沉於當日股價波動幅度的底部，且已蓋過第一根長陽線實體一半以上的幅度。

　　當在行情的頂部或一段升勢中出現此種形態時：

若第二根K線的收盤價愈低，即吞沒第一日長陽線愈多，見頂回落的趨勢愈明顯。

若第二日的交易在開盤時曾衝破較明顯的阻力區域，然後回頭下跌，構成烏雲蓋頂的形態，表示多方已不能控制大局，見頂回落的機會自然大大增加。

若第二日開盤交易後的小段時間內，成交量愈大，說明中埋伏的投資者愈多，表示市勢轉淡的機會愈大。

㈥ 曙光初現

黎明前的黑暗是一天中最黑暗的時刻，而後微露的曙光將出現於東方的地平線上，一輪朝陽即將升起，照亮大地。以曙光初現喻以一種K線形態，後市理應看好，是一種見底回升的轉勢訊號。

曙光初現的形態亦由兩根K線組合，如圖5-53。其特徵是：第一日是一根長陰線，第二日的開盤價比前一日的最低價還低，但收盤價卻升至當日股價波動幅度的頂部，且高於第一根陰線實體一半以上。

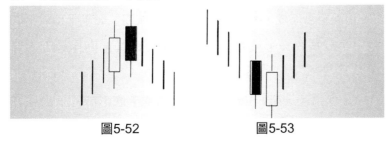

圖5-52　　　　　圖5-53

曙光初現的形態與烏雲蓋頂的形態正好相反，所以可反向思考。即當行情處於底部或一段跌勢時，出現曙光初現的形態，那麼：

　　若第二根K線的收盤價愈高，見底回升的趨勢愈明顯；

　　若第二日的交易在開盤時曾突破較明顯的支撐區域，然後掉頭回升，形成曙光初現的K線組合。則大市見底回升的機會將大大增加；

　　若第三日開盤後的初段交易中，成交量愈小，表示後市轉好的機會愈大。

　㈦ 平頂與平底

　　平頂是出現同價的頂部之K線組合形態，這是市勢轉淡的訊號。平底則是在底部出現同價的K線組合形態，它卻是市勢轉向反彈的訊號。可見，平頂與平底情況正好相反。

　　平頂或平底的形態，可以由K線的實體、上影線或下影線、上下影線形成，更有可能以十字星出現。

　　一般來說，構成平頂或平底的K線距離太近，或由連續兩日的K線組合而成，其形態的效力可能減弱。如果平頂或平底在一次較長的升勢或跌勢之後出現，則其重要性會大大增強。

　　雖然由連續兩日K線構成的平頂或平底形態的效力會減低，但如果該形態包含其他轉向形態，此時，將增大促使市勢轉向的威力。如：

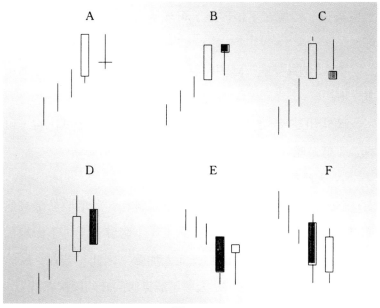

圖5-54

　圖5-54A為平頂形態及十字星的組合，極可能構成重要的轉向訊息。

　圖5-54B由吊頸去襯托平頂的形態。如果第三日開盤價低於第二日的收盤價，大勢見頂回落的可能性會大大增加，但需注意，收盤價須保持在平頂價位之下，否則此形態失效。

　圖5-54C為平頂形態加上一顆射擊之星，大勢回落的可能性很大。

　圖5-54D為烏雲蓋頂的變形形態。此時雖然第二日的開盤

價高於第一日的收盤價，但並未創出新高，因而不是典型的烏雲蓋頂，但配合平頂形態，可視為平頂加烏雲蓋頂的見頂訊號。

圖5-54E為雙底及錘頭的混合形態，大勢有見底回升的可能。

圖5-54F與圖5-54D異曲同工，以相反方向的形式出現，可稱為平低及曙光初現的形態，是見底回升的格局。

⑻ 大陽線與大陰線

就大陽線而言，該日以多方徹底勝利，股價收於最高價而結束當日交易，如果大陽線無上、下影線或上、下影線極短，那麼對後市看好的信心將大大加強。因此，若在下跌的市勢中出現一根大陽線，是大勢可能見底回升的反轉訊號。

大陰線的涵義恰與大陽線相反，因此相對於大陽線的轉向訊號，大陰線是市勢可能見頂回落的反轉訊號。

大陽線形態如圖5-55A，而大陰線形態如圖5-55B所示。

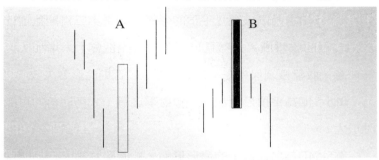

圖5-55

圖5-56中出現了多種轉向形態，現列出各個圖形的名稱如下：

圖形（1）為倒轉錘頭，出現之後，市勢回升。

圖形（2）為升勢受阻形態。

圖形（3）屬吊頸的見頂形態。

圖形（3）與（4）屬組合而成穿頭破腳的見頂形態。

圖形（5）是另一個吊頸形態。

圖形（6）既有穿頭破腳的見底形態，又有大陽線的轉勢
　　　　　向上形態。

圖形（7）又是一個吊頸形態，但其下影線特別長，且是
　　　　　陰線，因此，增加了見頂回落的可能性。

圖形（8）是倒轉錘頭，市場可能反彈。

圖形（9）屬吊頸襯托平頂的形態，顯示反彈市勢告終。

圖形（10）是錘頭形態。

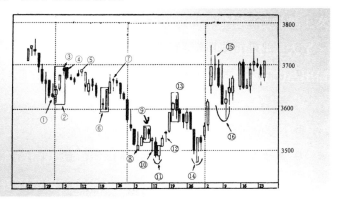

圖5-56

K線圖

圖形（11）類似曙光初現，結合前日的錘頭，兩者合力使市勢回升。

圖形（12）屬失敗的吊頸形態。

圖形（13）是見頂回落的穿頭破腳形態。

圖形（14）典型的曙光初現，市勢見底回升。

圖形（15）十字星，見頂回落的先兆。

圖形（16）是雙底及錘頭的混合形態。

複習思考題：

1. 試述K線的涵義、構成及特點。

2. 怎樣繪製K線圖？

3. 簡述各種K線的技術意義。

4. 在技術分析中，K線圖屬何種分析方法？有什麼樣的作用？

5. 何為單日、雙日、多日K線的研判？它們的特點、區別在哪裡？

6. 簡述進行單日K線研判的要點。

7. 畫出雙日K線研判的K線組合圖，並說明它們對後市的影響。

8. K線的轉勢分析有何重要意義？

9. 畫出常見的K線轉勢研判的K線組合圖。

第六章 點數圖

點數圖是一種非常實用的技術分析工具，不論價格怎樣改變，點數圖都能為股票投資者提供非常實用的買賣操作信號。

第一節　點數圖的概念與圖形製作

一、點數圖的概念

在技術分析上，橫向盤檔區域移動是相當重要的，它的最後演變將會決定這種橫向盤檔是技術整理抑或是技術反轉。運用點數圖的橫向整理寬度可以預測未來價格趨勢上升或下跌的長度，能充分掌握有效的實際的買賣信號。

所謂點數圖，是一種以"○"、"×"作為漲跌符號，借助於圖表連續記錄股價變化情況，反應一段時間內股價累積漲跌幅度，進而觀察與研判未來股價變動趨向的技術分析方法。由於它以"○、×"作為工紀錄符號，故又稱為"○×圖"。一般不了解其使用範圍與用途的投資者把它誤認為是英文"OX"，代表兩個英文字的簡稱。事實上，"○×圖"的英文原名是"Point and Figure Chart"，簡稱"P&F圖"。

"點數圖"也是技術分析方法中的一種，但歷史極短，在歐美各國使用也不過20年，與K線及移動平均線等分析方法使用的普遍性無法比擬，其功能自然有待投資者長期使用後才能予以肯定，並為投資者廣泛接受。

點數圖與K線一樣，除了能應用在大勢研判外，亦可用於研判個別股的價格變動方向，所不同的是K線是將每日漲跌情形用形狀表示，即每日均是一根K線，經年累月地按順序畫下去，較容易看出一個特定時間內的價格變化。而點數圖則不一樣，它以"○"、"×"符號來表示股價漲跌，表示在股票市場多空博弈的過程中，多方或空方表現一口氣力量的程度，進而觀察未來股價的走勢。故點數圖完全以漲跌方向的變化而製作，而不反應時間因素，用以充分表現價格變化，其有"漲時加漲、跌時加跌"的圖形特性，也較能表現圖形上的變化。

點數圖主要有三種類型，即一格反轉、三格反轉及五格反轉點數圖。一格反轉點數圖常會因一些微小的價格變化而出現許多橫向移動區域，股價波動反應過於靈敏；五格點數圖對股價波動的反應又過於遲鈍。正因為如此，許多技術分析家都偏好使用三格反轉點數圖來研判股價走勢。這樣，既可以將股價波動予以簡化，又不至於遲鈍反應股價的波動而失去時機。

現以圖6-1、6-2、6-3為例，與之相應的一格、三格和五格反轉點數圖，可直接地予以比較。

點數圖有三種基本的功能：**1.** 表現多空雙方孰強孰弱的情勢與變化；**2.** 顯示何處是抵抗與支撐區域；**3.** 觀察中長期大勢與個股變動方向。因此，它也能為投資者提供買進時機與賣出時機，何處有支撐與何處有阻力，股價變動方向的延續性與有效性。

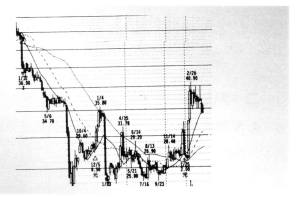

圖6-1　一格反轉點數圖

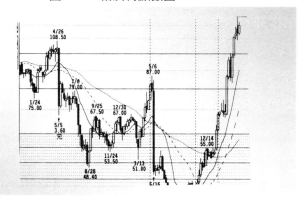

圖6-2　三格反轉點數圖

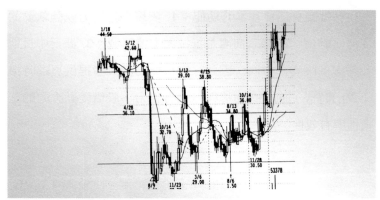

圖6-3 五格反轉點數圖

二、點數圖的製作

1. 點數圖在製作時,必須使用方格紙。首先要在方格紙的左段標定價位。見圖6-4

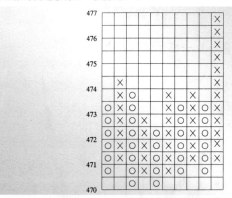

圖6-4 點數圖繪製法

2. 確定"格值"(Box Value) 在方格紙中,每一小格表示價格變動的大小幅度,其格值大小須視分析對象的具體情況而定。一般而言，分析對象的價格較高時，則格值小，在點數圖上則"○"、"×"符號就過於密集，使投資者分析時眼花撩亂；方格紙格值大，則價格變化就反應得遲鈍。格值大小的設定，或多或少地會影響圖形的變化，格值設定愈小，圖形變化愈敏感，也愈複雜。對於長期投資者而言，則可使用較大格值製作。

3. 漲跌紀錄符號　繪製方法為，當價格上漲時，以"×"符號畫進方格內；價格下跌時，以"○"符號畫進方格內。

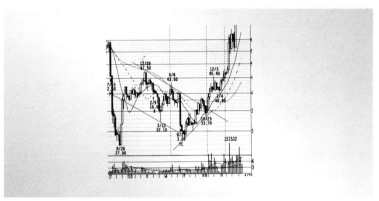

圖6-5　為某股票的點數圖

4. 反轉製作　價格由升轉跌或由跌轉升時，則須另起一行畫"○"或"×"符號。製作一格反轉點數圖時，價格反轉必須達到一格以上的價位，才能轉行繪圖。製作二格反轉點數圖時，價格反轉必須達到二格以上的價位才能轉行繪製。製作三格反轉點數圖時，價格反轉必須達到三格以上的價位，才能轉行繪製。其他依此類推。以三格反轉點數圖為例，其反轉格數為3，即表示價格下跌必須有超過3個格值的幅度，方可轉行畫"○"；反之，價格上漲必須超過3個格值的幅度時，方可轉行畫"×"；其意義在於行情反轉成立，一定要有相當的幅度。

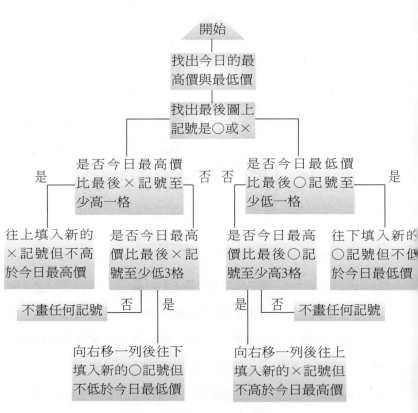

圖6-6　點數圖製作原則與步驟

在圖6-5中，每一小格為0.2元，即格值為0.2元，反轉數為4格，標示為0.2×4。

5. 製作原則與具體步驟參見圖6-6為一般標準的三格反轉點數圖原則與步驟。

第二節　點數圖的運用

一、點數圖的基本圖形分析與買賣策略

股價長期波動，從點數圖的圖形來看，除了漲與跌外，最常見的仍是盤整，亦即在漲時加漲、跌時加跌特殊處理的過程中，也會出現漲漲跌跌的盤整情形。這種點數圖的密集區依照多頭與空頭實力的變化而決定面積大小。在盤整過程中，由於多空力量的變化不同，點數圖中所顯示的是不同的圖形，但從"○"、"×"密集區域的變化情形來看，有以下幾種基本圖形：

1. 平頭形及買賣時機

平頭形又可以分為兩段平頭形與三點平頭形。兩段平頭形，顧名思義，點數圖的密集區域的頂部或底部附近在同一價位會先後出現兩次相同的符號，然後朝著與此相同的方向變動，突破整理形態而結束盤局。

從圖形中，即可看出兩段平頭形特徵。向上突破的盤檔行情裏，首先在次級上升行情完成而回檔前，會在某個最高

價位出現兩次，並且都是"×"符號，這就是一段平頭形。至於第二段平頭形則出現在盤檔結束，向上突破前，也會在某價位出現兩次"×"符號，然後就持續上漲，透過第一段平頭形的價位，展開另一段上升行情。因此，兩段上升平頭v形是由不同價位的兩組"×"符號所組成，而第一組"×"符號是出現在盤檔區的頂端，而第二組"×"符號的價位必然低於第一組。

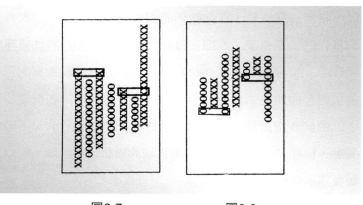

圖6-7　　　　　　　　　圖6-8

向下突破的盤檔行情裏，首先在次級行情的最低點會出現兩次"○"符號，這就是第一段平頭形；至於第二段平頭形則出現在盤檔結束向下突破之前，也會在某價位出現兩次"○"符號，然後持續下跌，透過第一段平頭形價位，展開另一段下跌行情。因此，兩段下跌平頭形是由不同價位的兩組"○"符號所組成，而第一組"○"符號是出現在盤檔區的底

141

端；第二組"○"符號的價位必然高於第一組。

買進時機：當點數圖上出現兩段上升平頭形的第一組"×"符號時，就應特別注意並等待第二組"×"符號的來臨；一旦盤檔區發現第二組"×"符號成立時，那麼，比"×"符號所在位置高出一個叫價單位即為買點，見圖6-9。

賣出時機：當點數圖出現兩段下跌平頭形的第一組"○"符號時，投資者就應特別留意並尋找第二組"○"符號可能出現的位置。一旦在盤檔區接近下端的價位發現第二組"○"符號成立，那麼，比"○"符號所在位置低一個叫價單位即為賣點，見圖6-10。

第二種平頭形就是三點平頭形。點數圖密集區域的頂部或底部的最高價或最低價先後出現三次相同的符號，然後朝著與此相同的方向變動，突破盤整形態而結束盤局。

基本圖形如圖6-9、圖6-10。

從圖形中，可看出三點平頭形特徵。盤檔行情裏，向上突破前漲漲跌跌，而在多頭反攻時，先後兩次在某價位受阻而回落，第三次多頭全力進攻，一舉向上突破，在點數圖上，即顯示出三個平行的"×"，這就是三點上升平頭形；另外，在盤檔行情裏向下突破前，也是漲漲跌跌，而在空頭反撲前，先後兩次在某價位受阻而反彈，第三次則空頭全力進攻，一舉向下突破，在點數圖上即顯示出三個平行的"○"，即為三點下跌平頭形。

　　買進時機：當點數圖上出現三點平頭形的第一個與第二個"×"時，投資者首先就把它視作兩段式平頭形的第一組，當第三個"×"出現在同一價位時，那麼，比三點平行的"×"符號所在位置高出一個叫價單位，即為買點，如圖6-

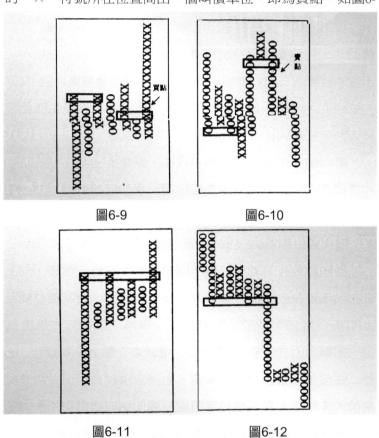

圖6-9　　　　　　　　　　圖6-10

圖6-11　　　　　　　　　　圖6-12

賣出時機：當點數圖上出現三點平頭形的第一與第二個
"○"時，投資者也應該將它視為兩段式平頭形的第一組，當
第三個"○"符號所在的位置低一個叫價單位，即為賣點，
如圖6-14。

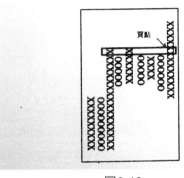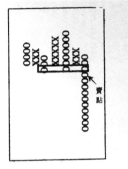

圖6-13　　　　　圖6-14

2. 對稱三角形　當股價變動進入盤檔時，由於觀望氣
濃，成交量萎縮，股價變動彈性愈來愈小。從點數圖看，有
如三角形狀，當股價變動進入三角形尖端時，即表示整理形
態結束，將展開另一段上升和下跌行情。

買進與賣出時機：當股價上漲，從對稱三角形上界線向
上突破時，為慎防其為假突破與表現多頭拉升股價的決心，
股價突破上界後的第二個成交單位才是買點。相對地，當股
價下跌，從對稱三角形下界線向下突破時，也為預防其為假
突破，或反應大勢確實已經疲軟。因此，股價突破下界線的
第二個成交單位才為賣點，見圖6-15和圖6-16。

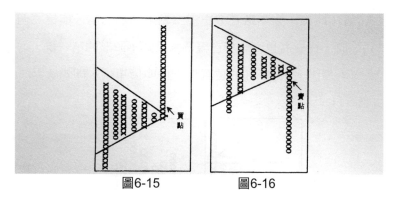

圖6-15　　　　　圖6-16

3. 傾斜型　在點數圖裏，某些價位會出現上傾或下斜的形態。點數圖上傾時，形成後面的一行比前一行高，同時，第一行是"○"符號，第二行是"×"符號，第三行為"○"，第四行又是"×"，經過"○"、"×"、"○"、"×"等過程，多頭顯然居於主動地位並向上突破，展開另一段上升行情。當點數圖下斜時，形成前面一行是"×"，後一行依次為"○"、"×"、"○"，經過一個爭鬥過程，空頭壓制力量居於主動地位，並向下突破，展開一段下跌行情。

　　買進時機與賣出時機：當圖形上出現"○"、"×"交替上傾，並在一條直線上時，上傾形即完成，脫離"○"、"×"密集區後第一個成交單位即是買點。相對地，"×"、"○"符號交替出現，且向下傾斜，並在一條直線上時，下斜形即完成，脫離"×"、"○"密集區之後的第一個成交單位即為賣點，見圖6-17和圖6-18。

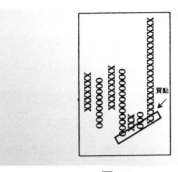

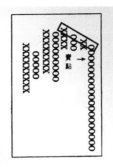

圖6-17　　　　　　　圖6-18

二、對點數圖的評價

從技術角度看，點數圖是一種較為簡單，但同時又是較難理解的方法，這一方法的主要特點是，它不以時間為尺度，並忽略價格的微小變化，只是透過預先確定的格值將價格的變動方向和程度記錄在圖表上，由此觀察大勢或個股的運動情形。與K線相比，其優點是：(1)可以利用較小的空間記載股價指數或個股較長時間的變動情形；不像K線需用較廣泛的空間詳細記載每日股價變動情形。(2)可以清晰地使投資者從圖形中觀察何時進入盤檔、何時向上或向下突破的趨勢，圖形顯示的信號非常明顯，這是其他技術分析方法無法完全勝任的。投資者可以從點數圖很精確地掌握盤檔結束前的買賣時機，也可以明顯地提示投資者進入盤整的信息。(3)當股價進入多頭走勢時，依照點數圖特性，若股價變動趨勢不改變，投資者可以長期持有，獲利自然比短線進出者強得多。

但是與K線比較，也有明顯的缺點：(1)日期不固定。其繪製特點是漲時加漲、跌時加跌，直到出現轉折，因此，它只能反應某段時間內價格變動的結果與趨向，不能反應每天多空力量的變化經過。(2)缺乏量的方面配合。股價變化的基本要素就是價量的配合，這在K線中極為明顯，而在點數圖中不受重視，從而失去了從成交量方面觀察頂部與底部的預先暗示。(3)時效信號稍顯滯後。在K線中，透過觀察K線的上、下影的長短、實體的大小變化及是否進入高價圈或低價圈，從而可即時判斷股價轉勢情形。但在點數圖中，當○×密集時，只能視作整理形態，直到股價變動向上或向下突破○×密集區時，股價反轉變動確認後，點數圖才能顯示的未來趨勢已經改變，似乎慢了半拍。

複習思考題：

1. 什麼是點數圖？它具有哪些基本功能和特點？

2. 點數圖如何製作？

3. 點數圖有哪些基本形態？各種形態應把握哪些分析要點？

4. 點數圖分析的利弊各是什麼？

第七章 趨勢線

在一段時間內股票價格的波動，往往會形成一種趨向，股價的升跌一般會朝此方向進行。例如在上升行情裏，雖然有時出現下跌，卻不影響漲勢，不時會出現新高價，使投資者對股市看好；而在下跌行情裏，暫時的回升不能阻止住跌勢，新低價接連出現，使投資者對股市不甚樂觀。股價遵循趨勢而移動，這種趨勢可能是上升的，也可能是下跌的，還有可能是橫向的水平移動。它們朝某一方向移動的時間可能很短，也可能很長。當某一趨勢走到盡頭，股價無法再朝原來的方向繼續變動時，就會發生反轉，而朝相反的方向變動形成另一種趨勢。這樣周而復始，循環往返，使股價波動出現一些規律性的趨勢變化。因此，掌握和利用趨勢分析方法，對於準確地進行投資買賣決策是有重要的指導作用的。

第一節　趨勢線的基本內容

一、趨勢線的畫法

趨勢線是圖形分析中最基本、最常用的一種預測手段和方法。趨勢線的畫法十分簡單，因為依據數學定理，兩點即可以決定一直線。因此，我們在畫趨勢線的時候，關鍵在於選點，而選點又涉及兩個方面，一是低點與高點的問題總體來說，**趨勢線**就是在圖形是每一個波浪頂部最高點間或每一個谷底最低點間的連線。在多頭市場裏，將兩個低點相連的直線，稱為上升趨勢線；在空頭市場裏，將兩個高點相連的直線稱為下降趨勢線。因此，我們在畫趨勢線時，必須要選擇兩個決定性的點（最具意義的兩個高點或兩個低點），在決定上升趨勢時需要兩個反轉底點，也就是股價下跌至某一低點後開始回升，隨後再下跌，但沒有跌破前一低點，轉而迅速上升，連接此兩點的直線，便是上升趨勢線。決定下跌趨勢亦需要兩個反轉頂點，也就是上升至某一頂點，開始下跌，隨後回升，未能突破前一頂點，再度迅速下跌，連接此兩頂點的直線，便是下跌趨勢線。見下圖7-1、7-2。

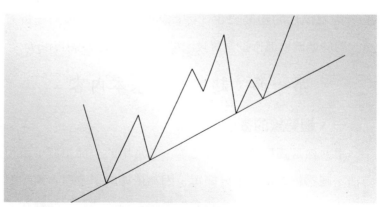

圖7-1　上升趨勢線

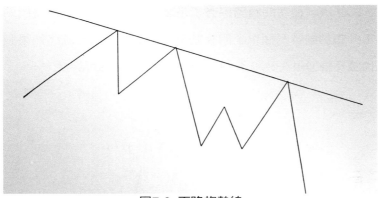

圖7-2 下降趨勢線

選點涉及的另一方面是時間問題。股價的波動是十分頻繁的，時期較長就會構成一種長期趨勢，時期較短則構成一種短期趨勢，而且往往是在長期趨勢中包含著中期趨勢，在中期趨勢內包含著短期趨勢。因此，我們在畫趨勢線時，由於時間的長短不同，所畫出的趨勢線也不一樣。在時期較長的區域內選擇兩個高點或低點的連線則構成長期趨勢線①，而在一段時間或很短時間內選擇兩個高點或低點的連線則分別構成中期趨勢線②和短期趨勢③，如圖7-3。

另外，我們在繪製趨勢線的過程中，還要注意以下問題：

首先，上升趨勢線是連接各波動的低點，而不是各波動的高點；下降趨勢線是連接各波動的高點，並不是各波動的低點。

其次，標準的趨勢線必須是以三個以上的低點所畫出的上升趨勢線及三個以上的高點所畫出的下降趨勢線，如果股價觸及趨勢線次數愈多，則愈顯示該趨勢線的可靠性。

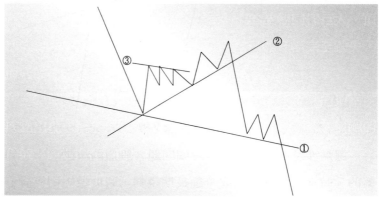

圖7-3 短期、中期及長期趨勢線

再次，如果一條趨勢線能夠經過較長時間而不是僅僅幾個交易日的時間考驗，我們就可以認定該趨勢線的有效性。

最後，真正有效的趨勢線是價格波動一到該處即回落或一到該處即反彈，但有時趨勢線也會失效。因此，有經驗的技術分析者經常在圖表上畫出多條不同地試驗性趨勢線，當證明其趨勢線失效時，則將其去掉，只保留具有分析意義的趨勢線。此外，還應不斷地修正原來的趨勢線，例如，當股價跌破上升趨勢線後又迅速回升到這條趨勢線上面，分析者應該以第一個低點和最新形成的低點重新畫出一條新的趨勢線；相反地，當股價升破下降趨勢線後迅速回落到該趨勢線下面，我們則應該以第一個高點和最新形成的高點重新連成一條新的下降趨勢線。

二、支撐線與阻力線

從性質上來看，趨勢線實際上可分為支撐線和阻力線。支撐線就是圖形上每一谷底最低點的連線，也就是說股價到此線附近時，投資者具有相當高的買進意願，買方力量增強，賣方力量減弱，股價會受到買氣推動而止跌回升。而阻力線則是圖形上每一波浪頂部最高點間的直切線，也就是說股價在此線附近具有相當高的賣出意願。

一條有效的支撐線或阻力線，對於投資者進行投資決策具有較好的指導作用。一般而言，某條支撐線或阻力線被證明為有效時，當股價觸及支撐線時，投資者可買進；而當股價觸及阻力線時，投資者可賣出，見圖7-4。特別對於短線投資者來說，依據支撐線或阻力線來進行具體操作，其投資效果將會更加明顯。當然，當支撐線或阻力線被有效突破後，投資者的買賣決策就必須進行更改，即阻力線被有效突破後即為買進信號，此時阻力線反成為支撐線；而支撐線跌破之後，即為賣出信號，此時支撐線反成為阻力線，見圖7-5。可見支撐線和阻力線也是相對而言的，它們之間可以互相轉換，投資者應根據具體情況的變化而採取靈活的投資策略。

三、趨勢軌道

我們把股價變化過程中一系列股價的最高點連接成一條直線，再把股價變化過程中一系列股價的最低點連成一條直線，當這兩條直線平行或近似平行，其間的股價變化均落在兩條平行線或近似平行線區間內，我們就稱這兩條直線構成的區間為趨勢軌道或趨勢通道。趨勢軌道表明股價在一段時期內將在這一區間內變化，向上升時會遇到阻力，而向下跌時反會受到支撐。

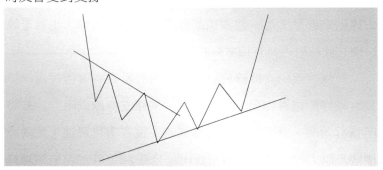

圖7-4　趨勢線操作原則

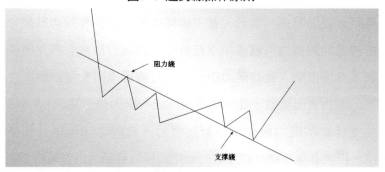

圖7-5　阻力線與支撐線的變換

趨勢軌道一般又分為兩種，即上升軌道和下降軌道。見圖7-6。

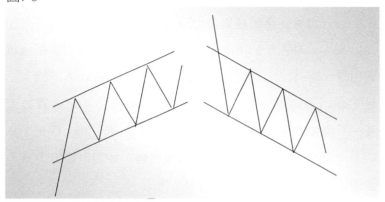

圖7-6 上升和下降軌道

當股市處於上升通道中，表示開始時買賣雙方的力量較為接近，當買方力量增大時，賣方力量也不甘落後；但隨著時間的延續，買盤逐漸增多，並慢慢超過賣方力量，但偶爾又伴有技術調整而使賣方力量增強。不過總體來看，買方力量仍然較賣方力量為強，於是推動股價在僵持中緩慢地穩步上升；而當股價處於下降通道時，情況正好相反，股價在買賣雙方力量僵持中逐漸滑落，表明賣方力量在僵持中逐步占居優勢。

無論是上升軌道還是下降軌道，均反應出股價升跌兩種力量的僵持拉鋸。所以，在僵持一段時間之後，買賣力量會逐步發生變化，使股價出現突破而使趨勢發生變化。

趨勢軌道的突破方向不外乎兩種，即向上突破和向下突破。至於具體的突破情形有四種：一是上升軌道向上突破，表明買方力量完全超越賣方力量，股價會脫離原來的趨勢加速上升；二是上升軌道向下突破，表明賣方力量大大超過買方力量，原有的上升趨勢已發生逆轉，股價會加速下跌；三是下降軌道向下突破，表明賣方力量增強，並超過買方力量，股價會脫離原來的行進區間而向下加速下跌；四是下降軌道向上突破，表明買方力量大大增強，並超過賣方力量，股價已改變原來的下降趨勢而發生轉向。

第二節　趨勢線的應用

一、趨勢線的各種技術意義

　　趨勢線表明，當股價向著其固定方向移動時，它很有可能會沿著這條趨勢線繼續移動，在應用趨勢線進行具體操作過程中，它向投資者揭示了以下幾種技術性的涵義：

　　1. 當上升趨勢線跌破時，是一種賣出信號。一般而言，如果上升趨勢線持續的時間已經很長，而在某一交易日裏，股價跌至趨勢線以下表明股價向運行方向開始發生變化，將由上升趨勢轉變為下降趨勢，大勢轉壞的可能性很大，特別是配合某些轉向形態出現時，例如頭肩頂形態、雙頭形態等等，則跌勢更確定，如圖7-7。

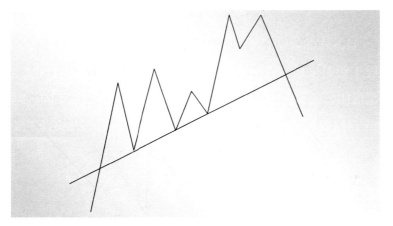

圖7-7 上升趨勢線的跌破

2. 當下降趨勢線被突破後，是一種買進信號。如果某一下降趨勢線已支持了一段較長的時間後，股價在形態上形成了某種轉向形態例如頭肩底、雙底等等，即使沒有形成轉向形態，只要股價突破了原有的趨勢線，那麼，亦可大致確定大勢將反轉，若有成交量大幅增加的配合，則轉勢更能確定，如圖7-8。

3. 在上升趨勢線中，每次回落到該線時，可以買進。一般而言，當某一上升趨勢線形成且證明為有效時，那麼該線就成為每一次回落的支撐線，只要不跌破該線，投資者可在股價回落至該線時買進，特別是對於短線投機者來說，將會取得更好的收益。但是，一種趨勢線不可能無限延續下去，一旦出現反轉，則應即時改變操作策略，如圖7-9。

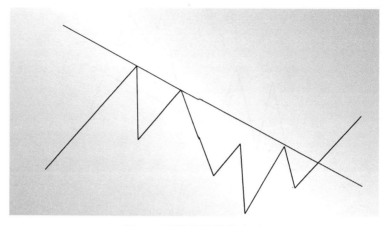

圖7-8 下降趨勢線的突破

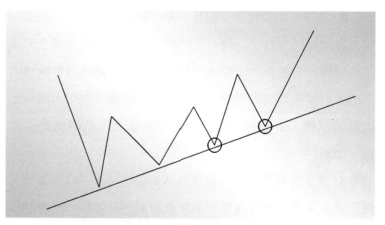

圖7-9 上升趨勢線的買入點

　　4. 在下降趨勢線中，當股價觸及該線時則為出貨信號。

當某一下降趨勢線形成後，股價的每次反彈只要觸及該線而

不出現有效突破，投資者都應以出貨作為操作策略，直至該

下降趨勢發生轉向為止，如圖7-10。

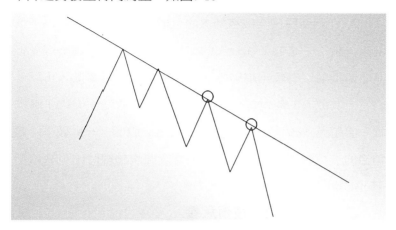

圖7-10 下降趨勢線的出貨點

5. 一種股票隨著其固定的趨勢移動的時間愈久，則該趨勢線愈可靠，因此，周線圖和月線圖的趨勢線較日線圖更值得信賴。太短時間所形成的趨勢線的分析意義很小。另外，如果股價觸及趨勢線的次數愈多，則愈能顯示該趨勢線的可靠性。例如，在某一上升趨勢線中，股價第三次回落到該趨勢線上獲得支撐，形成第三個短期低點後又復上升，其後又第四次在趨勢線上獲支撐而上升，那麼該趨勢線的技術分析意義愈來愈大，可靠性也不斷增加。同樣，下降趨勢線形成的過程及原理也一樣。

6. 平緩的趨勢線，其技術分析意義較大；太陡峭的趨勢線不能持久，分析意義也不大。通常，趨勢線的斜率愈大，愈陡峭，則說明其形成的時間很短，因此，可信度就很小。

7. 在判斷股價突破趨勢線的可信度時，可以結合以下情況來分析：一是假如在一天的交易時間裏突破了趨勢線，但其收盤價並沒有超出趨勢線之外，這並不算真突破，可以忽略它，其原有的趨勢線仍然有效；二是若收盤價突破了趨勢線，要超過3％的幅度才可信賴；三是當股價上升衝破下降趨勢線的支撐時則不必如此；四是當突破趨勢線時出現缺口形態，這說明突破將會是強而有力的。

二、趨勢軌道的技術意義

趨勢軌道的應用及技術意義，跟趨勢線的應用及分析意義基本上相似，只不過是趨勢軌道較之趨勢線在操作上更為簡單方便一些，在具體運用中，我們應著重注意以下幾點：

1. 形成趨勢軌道的一對直線必須平衡延伸出去。正如我們前面所講過的，趨勢軌道就是兩條平行的阻力線與支撐線之間所形成的區間，如果兩條趨勢線不平行或近似平行，則形成的形態就演變為三角形形態或楔形形態等；其分析意義則完全不同了。因此在分析趨勢軌道時投資者們應特別注意。

2. 在趨勢軌道中，投資者可以捕捉到更多的短線買賣機會。如在上升軌道中，可利用軌道上線和軌道下線頻繁入市，即在軌道下線附近買入，在軌道上線附近賣出。而在下降軌道中，則可以在軌道上線附近賣出，在軌道下線附近買回，這樣多次操作，以賺取最大利潤，如圖7-11。

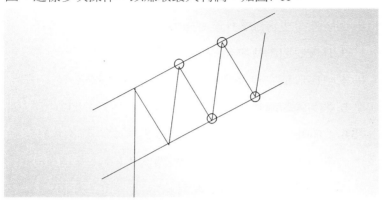

圖7-11 趨勢軌道的買賣點

3. 投資者還可以利用軌道被突破的機會採取相應的投資策略，例如，在上升軌道中，一旦股價衝破軌道上線時，升勢可能非常急劇，而且力量相當大，如果投資者已持有股票，不妨再加碼買進，或者當股價突破下軌道線時，投資者應果斷清倉。而在下降軌道中，股價突破下軌趨勢線時賣出股票；當股價突破上軌趨勢線時，加碼買進股票。

複習思考題：

1. 什麼是趨勢線？

2. 什麼是支撐線？什麼是阻力線？

3. 什麼是趨勢軌道？

4. 判斷股價突破趨勢線的可信度有哪些標準？

5. 如何繪製趨勢線？

6. 如何根據趨勢線進行買賣操作？

7. 怎樣根據趨勢軌道進行具體操作？

第八章 反轉形態

　　當股價上升或下跌一段時間後，會出現一種盤整狀態，在圖形上即形成一種特殊區域或形態，而不同的圖形形態又顯示出不同的技術意義，我們可以從不同的形態變化中找出某些規律性的結果出來。總體來說，形態可以劃分為三大類，即反轉形態、整理形態和缺口形態。反轉形態是指股價趨勢逆轉形成的圖形形態，亦即股價由上漲趨勢轉變為下跌趨勢，或者是由下降趨勢而變為上升趨勢的一種技術圖形形態。一般而言，反轉形態的形成，需要經過一段時間才能完成，而且通常在趨勢反轉過程中，如果價格波動大，反轉區域亦擴大，完成形態所需的時間亦較久，此反轉形態必會使股價產生大的變動；反之，若反轉區域小，完成的時間短，此反轉形態將使股價產生較小的變動。

第一節　頭肩形

一、頭肩形

(一) 頭肩頂之形態特徵

一個完整的頭肩頂形態的形成，要經歷四個階段：

1. 左肩部分　當股價經過一段持續性的上升之後，成交量大增，而且獲利回吐的壓力也愈來愈大，迫使股價出現暫時回檔，但在回落過程中，成交量較先前上升到最高價時要顯著地減少，左肩形成。

2. 頭部　股價經過短暫的回落後，部分投資者在此次調整期間買進，於是又推動股價不斷回升，成交量也隨之增加，但較左肩部分明顯減少，當股價升破上次的高點後，那些對前景看淡及錯過了在上次高點出貨的投資者，或者是在回落低點買進作短線投機的人開始賣出手中股票，迫使股價再回落至前一次低點水準附近，在回落過程中，成交量也相應減少，於是頭部形成。

3. 右肩形成　在股價回落至上次低點附近時，股價再次上升，但是市場投資者的情緒顯著減弱，成交亦較左肩及頭部明顯減少，致使股價無法抵達頭部高點位置時即開始回落，右肩形成。

4. 頸線的突破　當第三次下跌時，急速穿過經由左肩和頭部之間的底部以及頭部及右肩之間的底部的連線即頸線，即使再次回升時股價亦不能超過頸線水準附近，然後繼續下跌，當其突破頸線的幅度超過該股市價3%以上，即為有效突破。

總之，頭肩頂的形態呈現三個明顯的高峰，其中位於中間的一個高峰較其他兩個高峰的高點略高，至於成交量方面，則呈現階梯形的下降，如圖8-1。

(二) 頭肩頂的市場涵義

頭肩頂是一個很重要的技術圖形形態，該形態具有以下分析意義：

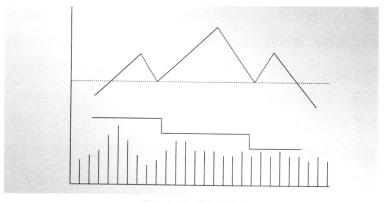

圖8-1 頭肩頂形態

1. 頭肩頂是一個長期性趨勢的轉向形態，它通常出現在牛市的頂部。

2. 當最近一個高點的成交量較前一個高點為低時，就暗示了頭肩頂出現的可能性，當第三次回升股價無法升抵上次的高點，成交又繼續下降時，頭肩頂形成的可能性更大了，而當頭肩頂的頸線位被有效擊破時，就是一個真正的沽出信號。

3. 當頸線跌破後，可根據該形態的最小跌幅的量度方法來預測股價會跌至哪個價位。該方法是從頭部的最高點畫一條垂直線到頸線，然後在完成右肩突破頸線的點開始，向下量出同樣的長度，由此量出的價格就是該股將會下跌的最小幅度。一般來說，頭肩頂是一個殺傷力十分強大的形態，通常其跌幅會大於量度出來的最小跌幅。

4. 一般來說，左肩和右肩的高點大致相等，部分頭肩頂的右肩較左肩為低，但如果右肩的高點較頭部還要高，形態便不能成立，另外，如股價最後左頸線水平回升，而且高於頭部，或者是股價於跌破頸線後回升高於頸線，這可能是一個失敗的頭肩頂，不宜信賴。

5. 當頸線跌破時，不必成交增加也可確定形態形成，倘若成交在跌破頸線時激增，顯示市場的拋售力量十分龐大，股價亦會在成交量增加的情形下加速下跌。

二、頭肩底

㈠ 頭肩底之形態特徵

頭肩底與頭肩頂的形狀一樣，只是整個形態倒轉過來，故亦稱作"倒轉頭肩頂"，但在成交量方面，則有不同的地方。

形成左肩部分時，股價下跌，成交量相對增加，接著是一次成交量較小的次級上升，隨後股價又再下跌，且跌破上次的最低點，成交量再次隨著股價下跌而增加，較左肩反彈階段時的成交量為多。從頭部最低點回升時，成交量有可能增加，整個頭部的成交量較左肩為多。當股價回升到上次的反彈高點時，出現第三次回落，這時的成交量很明顯少於左肩和頭部，股價在跌至左肩的水平，跌勢便穩定下來。最後，股價正式策動一次升勢，且伴隨著成交量急速增加，當其頸線阻力衝破時，成交更顯著增大，整個形態便告成立。如圖8-2。

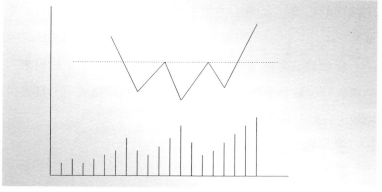

圖8-2 頭肩底形態

㈡ 頭肩底的市場涵義

1. 頭肩底是一個典型的轉向形態，它告訴我們過去的長期性下降趨勢已開始扭轉過來，它通常在空頭市場的底部出現。

2. 當頭肩底的頸線突破後，就是一個真正的買入信號。不過在頸線阻力突破時，必須要有成交量急增的配合；否則可能是一個假的突破，但如果在突破後成交量逐漸增加，形態也可確認。另外，在升破頸線後可能會出現暫時性的回跌，但回跌不應低於頸線。如果回跌低於頸線，又或是股價在頸線水平回落，沒法突破頸線阻力，而且還跌至頭部以下，這可能是一個失敗的頭肩底形態。

3. 其最小升幅的量度方法是從頭部的最低點畫一條垂直線相交於頸線，然後在右肩突破頸線的一點開始，向上量度出同樣的高度，所量出的價格就是該股將會上升的最小幅度。

4. 頭肩底形態是極具預測能力的形態之一，一般說來，頭肩底形態較為平坦，故需較長的時間才能完成，一旦獲得確認，升幅大多會多於其最小升幅。

三、複合頭肩形

⑴ 複合頭肩形的種類

複合頭肩形是頭肩式（頭肩頂和頭肩底）的變形，其走勢形狀和頭肩式十分相似，只不過是肩部、頭部或者兩者同時出現多於一次。任何類型的複合頭肩形態都是以頭肩頂或頭肩底的形式出現，大致可劃分為以下幾大類：

1. 一頭雙肩式　一般的形式是由大小約相等的兩個左肩、一個頭部及兩個大小相同的右肩組成。如圖8-3。

2. 雙頭多肩式　由兩個頭部以及左右兩邊則由一個或兩個以上的肩部組成的。如圖8-4。

3. 多重頭肩式　在一個巨大的頭肩式走勢中，其頭部是以

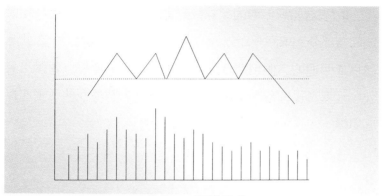

圖8-3　一頭雙肩式

另一個小頭肩式形態組成，整個形態一共包括兩個大小不同的頭肩形狀。如圖8-5。

㈡ 複合頭肩形態的市場涵義

1. 複合頭肩形亦屬於一種轉向形態。它經常出現在原始趨勢的底部和頂部，但是出現在底部的機會比在頂點的次數更多。當在底部出現時，即表示多頭市場即將來臨，假如在頂部出現，顯示市場將轉趨下跌。

2. 許多人都高估複合頭肩形態的威力，其實複合頭肩形態的力量往往較普通的頭肩形態為弱。在中期性趨勢中出現時，複合頭肩形態完成其最小升幅後便不再繼續下去，而普通頭肩形態的升跌幅往往較之量度最小升跌幅為大。不過在長期性趨勢的盡頭出現時，複合頭肩形態具有和普通形態相同的威力。

反轉形態

3. 複合頭肩形態的頸線較難畫出來，因為每一個肩和頭的回落部分（或回升部分），並不會全都在一條線上，因此應該以最明顯的二個短期低點（或反彈高點）連接成頸線；另外，又或是以回落（或反彈）到其價位次數最多的水平連接成頸線。

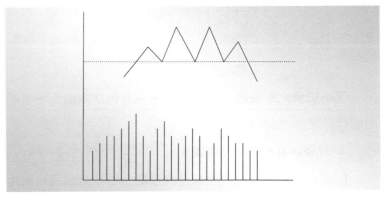

圖8-4 雙頭多肩式

4. 複合頭肩形態突破頸線時，成交量變化與頭肩形態大致相同，亦即向下突破頸線時，成交量不一定擴大，向上突破頸線時，成交量則需要擴大；否則，突破有效性降低。另外，突破後的最小升跌幅度的量度方式亦同於頭肩形態。

第二節　雙重頂與雙重底

一、雙重頂

(一) 雙重頂的形態特徵

圖8-5 多重頭肩式

　　當一種股票的價格上升到某水平時，出現大成交量，然後股價開始回落，成交量亦減少，接著股價再次上升，成交量隨之而增加，但卻不能達到前一個高峰的成交紀錄，而股價上升到前次的同一頂點時又一次受阻回落，從而股價的移動軌跡在圖形上就形成了英文字母"M"形狀，因此，也有人稱之為"M形走勢"或"雙頭形"走勢，見圖8-6。

圖8-6 雙重頂形態

雙重頂走勢之所以形成，原因主要是因為股價持續上升為投資者帶來了相當的利潤，於是他們便獲利賣出，這股賣出的力量令上升的行情轉為下跌。當股價回落到某一水平，吸引了短線投資者的興趣，另外較早前賣出的投資者亦可能在低位再次買入補回，於是行情開始回復上升。但與此同時，對該股信心不足的投資者會因錯過了在上次的高點出貨的機會，而在此次上升中出貨，加上在低價位買入者亦有獲利回吐的要求，強大的賣壓令股價再次下跌，由於高點出現兩次且都受阻而回，令投資者感到該股無法再繼續上升，假如愈來愈多的投資者賣出，令股價跌破上次回落的低點即頸線位置時，於是整個雙頭形態便告形成。

⑵ 雙重頂的市場涵義

1. 雙重頂屬於轉向形態，當發現雙頭時，即表示股價的升勢已經終結，在隨後的一段時間裏將轉為下跌。雙重頂形態一般出現在中長期性的頂部。

2. 雙重頂的兩個高點並不一定在同一水平，通常來說，第二個頭部可能較第一個頭部高出一些，原因是看好的力量企圖推動股價繼續上升，可是卻無法使股價上升超過第一個頂部的3%的高度。另外，兩個頂部形成的間隔時間較長，可能超過一個月。

3. 雙頂的兩個高峰都有明顯的高成交量，但第二個頭部的成交較第一個頭部顯著減少，反應出市場的購買力量已在轉弱。雙頭跌破頸線時，不需要成交量的上升也可信賴。

4. 雙頭最小跌幅的量度方法是：由頸線開始算起，至少會再下跌從雙頭最高點至頸線之間的差價距離。一般來說，雙頭的跌幅都較量度出來的最小跌幅為大。

5. 當雙頭的頸線跌破就是一個可靠的出貨信號，但通常在突破頸線後，會出現短暫的反方向移動，通常稱之為"後抽"，雙頭的後抽只要不高於頸線，形態依然可確認。

二、雙重底

㈠ 雙重底的形態特徵

當一種股票持續下跌到某一水平，然後出現技術性反彈，但回升的幅度不大，時間也不長，股價又再跌，當跌至上次低點時即獲得支撐，股價再一次回升，其移動的軌跡就像英文字母"W"。從成交量方面來看，通常第二個底部也十分沉悶，成交量少，該段時間每個交易日的成交數量都差不多，雙重底也稱為"W底走勢"。

雙底走勢形成的原因正好與雙頂走勢相反，股價持續的下跌使得持貨的投資者覺得價格太低而惜售，而另一些投資者則因為較低的價格的吸引而買進，於是股價呈現回升，當上升至某一水平時，較早前短線投機買入者獲利回吐，在跌市中持貨的被套者趁回升時殺出，因此，股價又再一次下挫，但對後市充滿信心的投資者覺得他們錯過了上次低點買入的良機，所以這次當股價回落到上次低點時便立即跟進，當愈來愈多的投資者買入時，便推動股價不斷揚升，而且還突破上次回升高點即頸線，從而形成了雙底形態，如圖8-7。

（二）雙重底的市場涵義

1. 雙重底是屬於轉向形態，當股價走勢出現雙底時，則表示跌勢已告一段落，在未來的一段時間裏將轉為上升趨勢，一般而言，雙重底走勢大多出現在中長期趨勢的底部。

2. 一般雙底的第二個底點都較第一個底點稍高，原因是有遠見的投資者在第二次回落時已開始買入，令股價沒法再次跌回下次的低點位置。

3. 雙底的第二個底部成交量十分低沉，但在突破頸線時，必須有成交量急增的配合方可確認。

4. 雙底最小升幅的量度方法也與雙頂一樣，雙底最低點和頸線之間的距離，股價在突破頸線後至少會上升。而且，雙底的升幅一般都會大於量度出來的最小升幅。

5. 當雙底的頸線升破後即為一個可靠的進貨信號，同樣，升破頸線後出現的後抽，只要不低於頸線位置，形態依然可確認。

圖8-7 雙底形態

第三節　圓弧形

一、圓形頂

(一) 圓形頂的形態特徵

　　股價經過一段時間的上升後，升勢雖然持續，但速度已愈來愈慢，上升的軌跡亦出現了新的變化。股價雖然不斷地創出新高，但較上個高點高不了多少便回落。可是稍作回落後卻又迅速彈升。剛開始，股價每一個新高點都較前一個為高，到了後來，每一個回升的高點都略低於前一個。如果把這區域每一個短期高點連接起來，便可畫出一個如倒放的碟形形狀，這就是圓形頂，也稱為碟形頭部。從成交量方面來看，沒有較明顯的特徵，有時在頂點成交量會逐漸減少，就像一個碟形形狀，但有時成交量卻像一個碟形頭部一樣的形狀，如圖8-8。

反轉形態

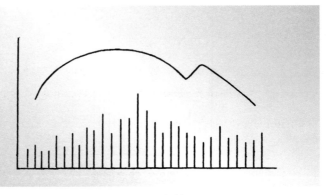

圖8-8　圓形頂走勢

　　圓形頂的形成原因是這樣的：經過一段買方力量強於賣方力量的升勢之後，買方趨弱或僅能維持原來的購買力量，從而使上升趨勢減緩，而賣方的力量卻不斷加強，最後，買賣雙方力量達到平衡，此時股價會保持沒有起落的平靜狀態，經過一段平衡狀態後，如果賣方力量超過買方，股價就開始回落，初始時只是慢慢改變，跌勢亦較緩和，但後來賣方力量不斷增強，跌勢便告轉急，說明一個大跌市快將來臨，未來下跌之勢將轉急轉大，那些先知先覺的投資者在形成圓形頂前即離開市場。但在圓形頂完全形成之後，仍有機會離場。

　　㈡圖形頂的市場涵義

　　1. 圓形頂屬於轉向形態，暗示一次長期跌市即將來臨，未來下跌之勢會變得愈來愈大。

2. 圓形頂形態多出現在中長期性趨勢的頂部，且該形態大多數出現在那些業績穩定的績優股中，原因是這些優質股的主要投資對象是基金和大戶，使得股價的上漲和下跌都具有一定的平緩性，當股價將要改變上漲趨勢時，也只能以這種和緩的轉向形態來完成。

3. 有時當碟形頭部形成，股價並不一定馬上下跌，只反覆橫向發展形成一徘徊區域，這徘徊區域稱之為"碟柄"或"碗柄"。一般來說這碟柄很快便會突破，股價繼續朝著預期中的下跌趨勢發展。

二、圓形底

㈠ 圓形底的形態特徵

與圓形頂的走勢形態正好相反，當股價經過較長時期的下跌，回落到低水平時漸漸穩定下來，這時期股票的成交量很小，只有那些看好股票前景或知內情的投資者買入，但他們不會不計價搶高買入，只做有耐心的逢低限價收集，於是股價形成一個圓形的底部，我們也稱之為"碟形底"，至於成交量方面，起初時緩慢地減少到一個水平，然後又逐漸增加，在整個碟形底中，成交也像一個碟狀，如圖8-9。

圓形底的形成，顯示的是供求力量從供大於求轉化為供小於求的變化過程。開始時，賣方的壓力在低價位不斷減輕，於是成交量持續下降，但買入的力量仍畏縮不前，這時候股價下降，然而幅度緩慢且細小，其趨勢曲線漸漸接近水平狀態；在底部時，買賣力量至均衡狀態，因此僅有極小的成交量，然後買方力量不斷加強，價格也不斷上升，最後買方完全控制市場，價格便大幅上揚，出現突破性的上升局面。

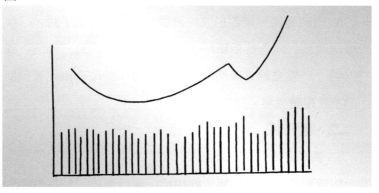

圖8-9 碟形底走勢

㈡ 圓形底的市場涵義

1. 圓形底屬於轉向形態，顯示一次巨大的升市即將來臨。

2. 圓形底形態多出現在中長期趨勢的底部，通常以一個長的、平底的形態出現在股票的低水平，一般來說需要幾個月的時間才能構築完成。投資者可在碟底升勢轉急之初追入。

3. 在形成碟形底後，股價可能會反覆徘徊形成一個平臺，我們稱之為"碟柄"或"碗柄"。這時候成交已逐漸增多，有股價突破平臺時，成交必須顯著放大。如果碟形底出現時，成交必須顯著放大。如果碟形底出現時，成交量並不是隨著股價從弧形的放大，該形態則不宜完全確定，尚應等待進一步的變化再作決定。

第四節　V形及單（雙）日反轉

一、V形走勢

㈠ V形走勢的形態特徵

V形走勢的構成，主要由三個部分組成：

1. 下跌階段，通常V形的左方跌勢十分陡峭，而且持續一段較短時間。

2. 轉勢點V形的底部十分尖銳，一般來說形成這轉勢點的時間僅僅一兩個交易日，而且在這低點中，成交量明顯增大。一般來說，轉勢點多在恐慌性殺盤暴跌後出現。

3. 回升階段，接著股價從低點回升，成交量也隨之增加，如圖8-10。

與V形走勢相反的是倒轉V形走勢，如圖8-11。

V形走勢的形成原因主要是：由於市場中賣方的力量非常大，使得股價出現急劇下挫。不過當這股出售力量消耗殆盡之後，買方的力量完全控制整個市場，使得股價出現戲劇性

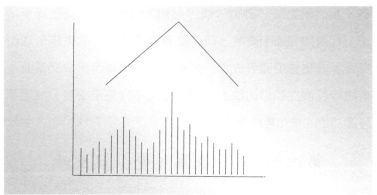

圖8-10 理想的V形走勢

的回升，幾乎以下跌時同樣的速度和幅度反彈回升。因此在圖表上股價形成一個V字形的移動軌跡。倒轉V形走勢的情形正好相反，市場看好的情緒使得股價節節攀升，可是受到某一突發因素的影響，整個趨勢發生轉變，股價則以上升時同樣的速度下跌。

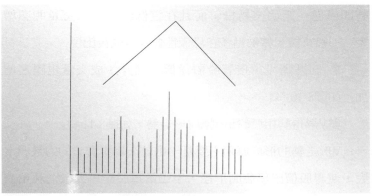

圖8-11 倒轉V形走勢

㈡ V形走勢的市場涵義

1. V形走勢和倒轉V形走勢都屬反轉形態，顯示過去的趨勢已經逆轉過來。

2. 無論是V形走勢還是倒轉V形走勢，成交量在轉勢點都明顯增加，整個形態形成過程中的成交量，在圖形上表現為一個倒轉V字的形狀。

3. V形走勢和倒轉V形走勢都較難以預測和分析，因它們的形成往往受到突發性因素的影響較大。

二、單（雙）日轉勢

㈠ 單日及雙日轉勢的形態特徵

當一種股票持續上升了一段時間，在某個交易日中股價突然不尋常地被推高，但馬上又遭到強大的拋售壓力，把當日所有的升幅完全跌去，可能還會多跌一些，並以全日最低價或接近全日最低價收市。這個交易日就叫做"頂部單日轉勢"；相反地，假如一種股票持續下跌，一直跌到某交易日而突然掉頭回升，把當日跌去的價位完全升回，這個交易日就叫做"底部單日轉勢"，見圖8-12、8-13。

雙日轉勢則是這種形態的變形，即在上升過程中，某交易日該股股價大幅上升，並以全日的最高價收市。可是次日股價以昨日的收盤價開出後，全日價格不斷下跌，把昨日的升幅完全跌去，而且可能是以前一日的最低價收市，這種走

反轉形態

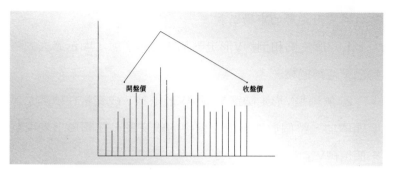

圖8-12 頂部單日轉勢

勢的表現就是 "頂部雙日轉勢" ；相反地，在下跌時，某個交易日裏股價突告大幅下挫，但接著的一個交易日便完全收復失地，並以當日最高價收市，這就是 "底部雙日轉勢" 見圖8-14、8-15。

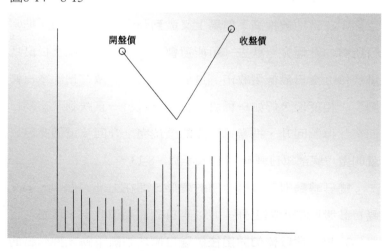

圖8-13 底部單日轉勢

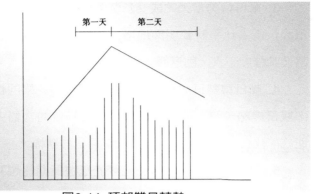

圖8-14 頂部雙日轉勢

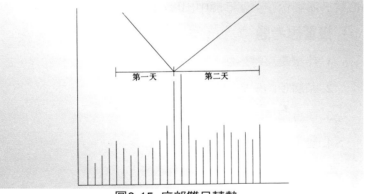

圖8-15 底部雙日轉勢

㈡ 單日轉勢及雙日轉勢的市場涵義

1. 當頂部單日轉勢出現，大勢暫時見頂，而當底部單日轉勢出現時大勢暫時見底。

2. 頂部單日轉勢通常在消耗性上升的後期出現，底部單日轉勢則是在恐慌性拋售的末段出現。

3. 單日轉勢當天，成交量突然大增，而價位的波動幅度很大，兩者比平時都明顯地增大，如果成交量不大或全日價格波動幅度不大，則形態就不能確認。

4. 雙日轉勢日成交和價位，在兩天的波幅同樣巨大，頂部雙日轉勢，第二個交易日把前一交易日的升幅完全跌失，而底部雙日轉勢則完全不回前一交易日的跌幅。

5. 單日轉勢和雙日轉勢有可能是在長期性趨勢的頂點或底點出現，屬於反轉形態，但並非一定是長期性趨勢逆轉的信號，通常也在整理形態中出現。

複習思考題

1. 什麼是反轉形態？

2. 頭肩頂的形成過程是什麼樣？

3. 複合頭肩形有哪幾種？

4. 雙重頂的形態特徵是什麼？

5. 雙重底的市場分析意義有哪些？

6. 什麼是單日轉勢？什麼是雙日轉勢？

7. V形走勢由哪幾個部分構成？

8. 圓形頂與圓形底的區別是什麼？

第九章　整理形態

從某種角度上講，證券市場就是證券買賣雙方對比、交鋒的戰場。交戰雙方經過一陣激烈戰鬥之後，雙方都必須稍事休息，才能繼續進行激烈的戰鬥，表現在證券價格上就是：證券的價格經過一段時間的快速變動後，即不再劇烈上升或下降，而是在一定的區域內上下窄幅變動，等待時機成熟後再繼續原來的走勢。這種顯示以往走勢的形態稱之為整理形態等。整理形態可以從圖形上區分為三角形、楔形、旗形、矩形等。本章詳細研究各種整理形態具體圖形的形態特徵、市場涵義和研判要點。

第一節　三角形

三角形是股價走勢中一種常見的整理形態，它形成的時間較長，突破的時間也比較長，因此容易被廣大投資者識別和掌握。常見的三角形整理形態主要有對稱三角形、上升三角形和下降三角形三種。

一、對稱三角形

㈠ 對稱三角形的形態特徵

對稱三角形由一系列證券價格變動軌跡所組成：當證券價格進入密集區波動時，證券價格變動的上下幅度愈來愈窄，逐漸失去彈性，最終幾乎收斂於同一點。從圖形上看，右邊最高價位低於左邊的最高價位；右邊的最低價位則高於左邊的最低價位。形成了從左向右下斜的上界線與從左向右上斜的下界線，上下界線相交（即收斂於一點）便形成了一個對稱三角形圖形。對稱三角形的成交量，則會因愈來愈小幅度的價格波動而遞減，只有當證券價格的變動突然跳出三角形時，成交量才會隨之擴大（如圖9-1）。

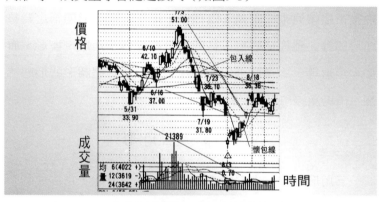

圖9-1 對稱三角形示意圖

㈡ 對稱三角形的市場涵義

對稱三角形市場是因為買賣雙方的力量在該價格範圍內勢均力敵，暫時達到了平衡形成的。證券價格從第一個短期性高點回落，但很快被買方消化，進而牽引價格回升；但是購買方對後市並無充足的信心，或者對該證券前途還存有疑惑，因而，證券價格並沒回升到上次高度即開始掉頭下滑。

在下滑的這段短暫時間裏，那些出售的投資者不願意以較低的價格出手或者說他們對該證券的前景仍抱有一線希望，所以下滑的力量並不太強，還沒下滑到上次的低點，證券價格又開始回升，買賣雙方的觀望性心理和僵持使證券價格上下波動的幅度日漸變窄，最終形成了對稱三角形形狀。

在對稱三角形整理形態中，成交量在對稱三角形的形成過程中因投資者的持現待購或持券待售的觀望態度，而逐漸減少，也使市場處於暫時的交投清淡狀態。

通常情況下，對稱三角形屬於整理形態，即證券價格會繼續原來的趨勢移動。只有當證券價格發生明顯突破時，才應採取相應的買賣行動：如果證券的價格往上衝破上界線（必須要有較大成交量的配合），就是一個短期買入信號；如果證券價格向下突破了下界線（在較小的成交量條件下），便是一個短期賣出信號。

㈢ 對稱三角形的研判要點

1. 一個對稱三角形的形成，必須要有兩個明顯的短期高點和短期低點的出現。

2. 對稱三角形的價格變動愈是接近其頂點而未能突破界限的，其力量愈小，太接近頂點的突破往往失效。通常在距三角形底邊的一半或四分之三處突破時會產生最準確地移動。

整理形態

3. 向上突破時需要較大的成交量相伴隨，而向下突破時，則不需要較大的成交量伴隨。

4. 證券價格經過整理，向上突破上界線的方式有：

(1)當證券的價格在對稱三角形內變動時，愈接近上界線，向上突破力量與希望就愈小。如果緊貼著上界線突破，成交量又無顯著增加，通常是"假突破"，即使出現上升也是有限，不具有任何真實的投資價值（如圖9-2）。

圖9-2 不具投資價值的對稱三角形內"假突破"

(2)當證券的價格盤升到三角形圖形的頂點時才向上界線突破，這也是買方力竭的表現，也即上升乏力（如圖9-3）。

(3)進行整理中間，買方以長陽線與最大成交量相配合，突破了整理對稱三角形的上界線，隨後脫離盤整局面，快速上升，下一輪行情就要展開，這時候，行情回檔之時便是買進時機（如圖9-4）。

5. 在下跌趨勢中，證券價格向下突破下界線的方式有：

(1)當證券價格在對稱三角形內波動時，愈是接近下界線，向下突破的力量就愈小，如果緊貼下界線突破，則通常是"假突破"，即使有所下跌也很緩慢，沒有甚麼投資價值。

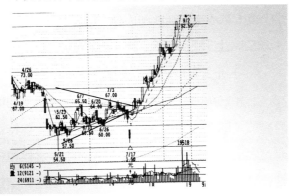

圖9-3 頂點突破買方力虧圖

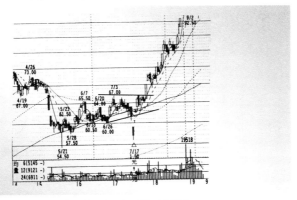

圖9-4 對稱三角形買進時機圖

（2）當證券價格移動到對稱三角形的頂端才從下界線突破，賣方雖然暫時超過買方，下跌也很有限，隨即往往有返轉上升之勢。

（3）只有在整理途中，賣方以長陰線從整理形態的下方突破，此時成交量雖有所增加，但並沒顯著擴大，而在下跌後才出現大量成交，則跌勢反彈之時便是售出時機。

二、上升三角形

㈠ 上升三角形的形態特徵

上升三角形的形態特徵是：在整個盤整期間，證券價格的底部（即某一時期的最低價位）處於一種持續上升狀態，而每次上升到某一個價位後即告回落。這樣連接各價位的底點就形成了一條上升趨勢線，連接各價位的頂點就形成了一條水平阻力線，上升趨勢線和水平阻力相交便形成了一個斜邊在下的直角三角形（如圖9-5），稱為上升三角形。

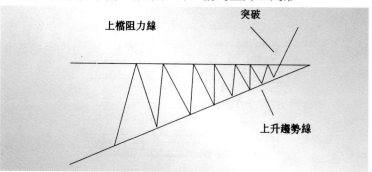

圖9-5 標準上升三角形

㈡ 上升三角形的市場涵義

上升三角形顯示出在買賣雙方的較量中，買方的力量已稍占上風。賣方在一定的價格水平下賣出，他們並不急於出貨，卻又不看好後市，於是等價格上升到一定水平，他們便賣出部分證券，這樣在一定價格水平下賣方的出售便形成了一條水平的供給線即水平阻力線。不過市場中買方的勢力稍大，他們等待證券價格有所回落，但還未跌到上次水平時，便迫不及待的買進，因此，便形成了一條自左下方向右上方傾斜的斜線即上升趨勢線。成交量在形態形成過程中因買賣雙方的對峙、觀望而不斷減少，直到有所突破才開始上升。

㈢ 上升三角形的研判要點

1. 上升三角形在上升過程中出現，一般來說，向上突破的可能性稍大，但是突破能否實現，關鍵要看成交量是否配合。

2. 上升三角形整理形態如果向上突破阻力位並伴有巨量買盤，則行情會發展成為另一輪上漲行情，此時是短期買進的時機。

3. 上升三角形整理形態如果向上突破阻力位置後，成交量並未明顯放大，這時其上升空間不會太大，投資者不可盲目買進。

4. 如果上升三角形整理形態長時間不能向上突破，且伴

整理形態

隨著成交量日益萎縮，行情很可能向下突破，投資者須加倍小心。

　　總之，對於上升三角形整理形態，投資者最好採取觀望態度，當其確實形成突破後再進行買賣。

三、下降三角形

㈠ 下降三角形的形態特徵

　　下降三角形的形態特徵與上升三角形正好相反：它是一種證券價格下跌遇阻整理形態（如圖9-6）。證券價格在下跌過程中多次出現反彈，每一次下跌都在某個價位止跌回升，而每次價格反彈的高度都在降低。因此連接各個價格底點便形成了一條水平狀下跌支撐線，連接各次反彈最高價位點，便形成了一條自左向右下斜的下跌趨勢線；下跌支撐線和下跌趨勢線相交形成了下降三角形整理形態。

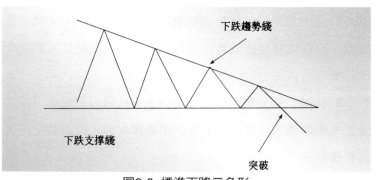

圖9-6　標準下降三角形

㈡ 下降三角形的市場涵義

下降三角形顯示出在買賣雙方的較量中，賣方的力量稍占上風。賣方不斷地增加沽售的壓力，證券價格還沒回升到上次高點便再次沽售，致使價格再次下跌；而買方卻堅守著某一價格水平的防線，只要價格跌至該價位，買方就購進，形成了證券價格的下跌支撐線。另外，這種形態的形成亦可能是有人托價出貨，直到貨源出清為止。

㈢ 下降三角形的研判要點

1. 下降三角形整理形態，往往出現在下跌行情中，暗示有下跌的可能。

2. 下降三角形如果向上突破下跌趨勢線，伴隨有大額成交量，則顯示著證券行情上漲的訊息，此時是短期買進的時機。

3. 下降三角形如果向下跌破下跌支撐線，不用大量的成交量證實，也是證券行情看跌的預示，此時是短期賣出的時機。

4. 下降三角形反應出多方力量在削弱，投資者看淡後市，但又有明顯的護盤跡象，使證券行情維持在一定價位水平。所以對下降三角形應根據行情具體分析，若有機構托盤出貨，則後市有向下突破的可能性；如果有機構逢低建倉吸納，則後市向上突破的可能性較大。

整理形態

第二節　楔形

楔形是證券的價格在兩條收斂的直線中變動的圖形，與三角形的不同之處是：楔形的兩條界線同時上傾或下傾，只是上傾或下斜的程度不同；三角形的界線中往往有一條呈水平狀態，另一條為向上或向下傾斜的斜線。但是楔形成交量變化和三角形相同：愈接近頂端，成交量就愈小，呈遞減的變化趨勢。楔形又分為上升楔形和下降楔形兩種。

一、上升楔形

㈠ 上升楔形的形態特徵

上升楔形是指證券價格經過一次下跌後有較強的技術性反彈，價格上升到一定水平又掉頭下落，但回落點價位比上次高，回落後又上升到一個新高點，這個新高點比上一個高點還高；這樣幾經反彈回落最後形成了一浪高過一浪之勢，把短期高點相連，再把短期低點相連便形成了兩條同是向上傾斜，只是傾斜度不同的直線，這便形成了一個上升楔形圖（如圖9-7）。

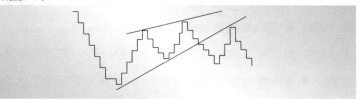

圖9-7　上升楔形圖

上升楔形的成交量，愈接近頂端愈小

（二）**上升楔形的市場涵義**

上升楔形二條邊界線都向上傾斜，表面看來多頭趨勢應更濃，但事實上並非如此。因為在上升楔形中，證券的價格上升，賣出壓力雖不大，但投資者的興趣卻在逐漸減少，證券價格雖呈上升之勢，但是上升之波浪一浪不如一浪，一浪比一浪減弱，最後當需求完全消失時，證券價格便反轉回跌，因此，上升楔形表示的是一個技術性的漸次減弱的反彈情況。上升楔形整理形態，通常在跌勢回升階段出現，上升楔形顯示的是證券行情尚未跌到底，只是一次下跌後的技術性反彈而已。當它跌破下限之後，便是賣出訊號。上升楔形的下跌幅度，至少是把新上升的價位跌掉，而且要跌得更多，因為證券行情尚未跌到底。

（三）**上升楔形的研判要點**

1. 上升楔形的上下兩條界線必須明顯地收斂於一點，如果形態過於寬大，兩條界線不能收斂於一點，則上升楔形就難以形成和出現。一般來講，上升楔形的形成至少需要兩個星期左右的時間。

2. 下跌行情中出現的上升楔形大多數情況都是向下跌破的可能性大，此時，另一個明顯標誌是成交量並未增加（如圖9-8），這是賣出的時機。

整理形態

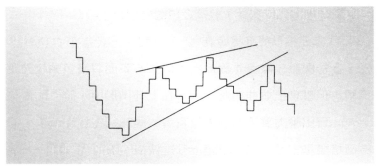

圖9-8 上升楔形圖

3. 通常情況下，下跌行情中出現的上升楔形大多是向下突破的可能性較大，但是，如果它向上衝破了上界線，且伴隨有巨額的成交量，則形態就可能出現變異，發展成為一條向上的通道。此時就成了短期買進的時機。

4. 上升楔形中的兩條界線收斂於一點。證券價格只在圖形形態內作有限的升降變化，最終會跌破下界線，證券價格的理想的跌破點是從第一個低點開始到上升楔形尖端之間距離的2/3處。

5. 上升楔形在跌破下界線後經常會出現急速下跌，這時投資者應把握賣出的時機。

二、下降楔形

㈠ 下降楔形的形態特徵

下降楔形與上升楔形形態特徵基本相反：證券價格經過一段上升之後，上升受阻轉而下跌，下跌後又上升，上升後遇阻又下跌，每次上升的新價位都比原價位要低，每次下跌的低點也比上次下跌的低點低。這樣，連接各個高點和低點，便形成了兩條以不同的斜率向下傾斜的斜線，形成了下降楔形整理形態（如圖9-9）。

㈡ 下降楔形的市場涵義

下降楔形的市場涵義是：證券價格經一段時間的上升後，一部分投資者獲利回吐，在賣方的壓力下證券價格由升轉降，降到一定價位，一部分投資者又開始回頭購入，證券價格受買方托力又開始止跌轉升……如此循環下去，由於投資者對後市持觀望心態，所以每次證券價格上升的頂點都比上一次頂點要低，每次證券價格下跌低點也低於上次下跌的低點。這說明在下降楔形中市場的承接力和沽售力量都在逐漸變弱。下降楔形是整理形態，經常在中長期升市的回落調整中出現。下降楔形的出現告訴投資者升市尚未見頂，這僅僅是價格上升以後的調整現象。通常情況下，下降楔形大部分是向上突破為主，當其突破上界線阻隔時，往往是短期買入的信號。

㈢ 下降楔形的研判要點

1. 下降楔形的上下兩條界線也必須明顯地收斂於一點，如果兩條界線距離太大，且無明顯的收斂特徵，則可能不是下降楔形的形態。另外，下降楔形的成形時間較長，通常至少需要兩周以上。

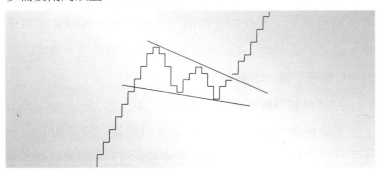

圖9-9 下降楔形

2. 下降楔形一般情況有向上突破上界線的可能，同時要伴隨有大量成交量（如圖9-10）；如果行情在短期內上升突破上界線，但沒有巨額成交量相伴，則有可能是假突破，投資者要留心。

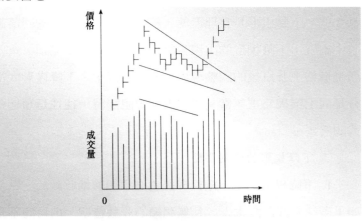

圖9-10 下降楔形突破上界線

3. 通常情況下，下降楔形有突破上界線上升的可能，但是，有的時候下降楔形也可能不上升反而下跌跌破了下界線，此時下降楔形可能就轉化成了一條向下通道，這時的後市可能下跌，投資者要做好充分準備。

4. 下降楔形和上升楔形有一點明顯不同之處，即上升楔形在跌破下限支撐後經常會急速下跌；而下降楔形向上突破上界線阻力後，可能會先向水平方向發展，形成徘徊狀態，成交量也十分低迷，經過一段時間後才開始緩慢上升，這時成交量也隨之增加。這種情況下，投資者要等證券行情衝出徘徊區域明顯上升後再採取行動。

第三節　矩形、旗形

一、矩形

(一) 矩形的形態特徵

矩形是證券價格在兩條平行的上下界線之間上升或下降而形成的一種整理形態。當證券價格上升到一定價位時，受到賣方的壓力而下降；下降到一定價位又受買方托力而上升；上升到上次最高價位時受賣方的壓力而下降；下降到上次最低價位後又受買方的托舉再次上升……如此循環，且每次上升的高點和每次下降的低點分別在兩條大致平行的水平線上。這樣把這些短期的高點和低點相連接，便可形成一條平行延伸的通道，這就是矩形形態（如圖9-11）。

㈡ 矩形形態的市場涵義

矩形表示的是勢均力敵的買賣雙方相對峙，在短期內誰也無法戰勝誰。矩形形態剛形成時，表明買賣雙方全力交戰，雙方互不讓步和退讓。證券持有者對後市看淡，當證券的價格上升到一定價位便大量拋售，在強大的賣方壓力之下，證券價格開始由升轉降；而購買者則對後市看好，於是當證券價格下降到某個價位時，購買者將證券持有者出售的證券全部購入，且由於買方力量較強，托舉證券行情又止跌反彈，轉而上升。同樣原因證券價格上升到一定價位，持有證券者便拋售證券使價格再次下降；證券價格下跌到一定價位，對後市看好的投資者又紛紛購入，購買者購入，又托舉證券價格止跌回升。又由於買賣雙方勢均力敵，所以每次證券價格上升（或下降）的頂點（低點）都在同一水平線上，久而久之，明顯形成了基本平行的上下兩條界線。買賣雙方的爭鬥在平行界線之內漸趨平緩，因此矩形形態的成交量也較小且變化小，在上升的趨勢裏，買方逐漸占上風並取得主動，使證券價格從矩形的上界線突破後持續上揚。在繼續一段下跌的行情裏，經過盤整，賣方在交鋒中漸占上風，在賣方的壓力下，使證券價格跌破下界線，繼續下跌。

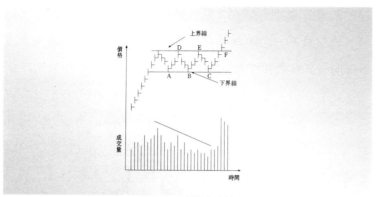

圖9-11 矩形形態

㈢ 矩形的研判要點

1. 矩形出現於整理形態的機率要比出現於反轉形態的機率大。同時矩形形成過程中成交量也呈遞減趨勢。

2. 矩形與對稱三角形相似，在上升情形裏，它突破上界線時，成交量必須擴大，而且距離上界線不能太近（如圖9-12）；否則，其有效性會降低。

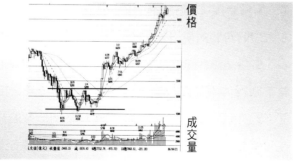

圖9-12 矩形突破上界線

整理形態

3. 矩形整理形態在下跌行情裏，證券價格跌破矩形形態時，成交量不一定會增大（如圖 9-13），而若距離下界線太近跌破時，其有效性將大為減少。

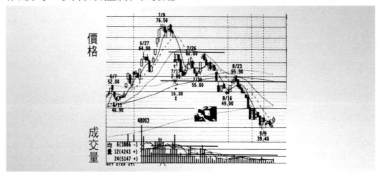

圖9-13 行情跌破下界線的矩形

4. 在矩形整理形態初期，投資者若能預測證券價格將進行這種走勢，則可以做短線交易。在證券交易過程中把握住低價買進（即接近下界線時買進）、高價賣出（即接近上界線時賣出），則很容易獲利。例如在圖9-11中，如果能在A點買進，D點賣出；B點買進，E點賣出；C點買進，F點賣出，則在較短的時間內便可三次獲利。

5. 在投機性較濃的證券市場裏，矩形整理形態大多出現於下跌行情中，而且面積愈大，愈不易上升，因此股市中有"久盤必跌"的術語。現在以圖9-14為例，某股呈下跌走勢，在50元至60元間盤旋近兩個月，其間曾幾度跌至50元的下界線附近，但都能獲得支撐，再度回升，而力量卻愈來愈弱。8月底終於跌破矩形下界線,在40元至50元間又形成小矩形,未過多久,跌勢再起,繼而從矩形下界線突破。在下跌過程裏,成交量並未擴大,矩形理論得以印證。

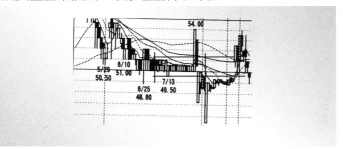

圖9-14

二、旗形

旗形是指證券價格的走勢就像一面懸掛在旗杆上的旗幟形狀。這種形態經常出現在急速變化(升降)的市場行情中,證券價格經過一連串緊鑼密鼓的短期升跌波動後,形成了一個與原來變化趨勢相反的一個小型長方形(或平行四邊形)這就是旗形走勢。旗形走勢又可以分為上升旗形和下降旗形兩種。

㈠ 上升旗形

1. 上升旗形的形態特徵

證券價格經過一陣劇烈、強勁的攀升之後,緊接著形成了一個緊密小範圍的稍微下傾的價格密集區,把這個密集區的相鄰高點和低點分別連成直線,便可以形成一個自左向右稍微下斜的長方形或小平行四邊形，猶如正在上升的一面旗幟（如圖9-15）。

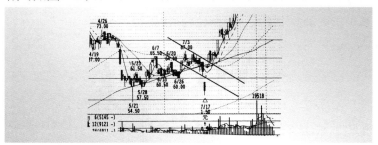

圖9-15　上升旗形

2. 上升旗形的市場涵義

在一個短期急速上升的證券市場行情中，證券價格呈迅速上升的態勢，當證券的價格上升到一定價位，證券持有者便認為拋售獲利的時機已經到來，紛紛賣出手中的證券。這樣，證券行情在賣方壓力的促使下，出現了短期、緊密的下降趨勢，成交量也不斷減少。不過，由於大多數投資者對後市仍充滿信心，所以證券價格回落的速度並不快，回落的幅度也不大，成交量也在不斷減少，反應出證券持有者受大多數投資者的影響也開始惜售，這便形成了一個上升旗形整理形態。

3. 上升旗形的研判要點

(1)上升旗形整理形態必須在急速上升的行情裏出現，成交量在此形態的形成期間必須是不斷減少，即呈遞減狀態。

(2)上升旗形整理形態表面上看證券價格彷彿要下跌，即證券價格進入盤檔時期一波比一波低；實際上在大多數情況下，證券行情往往扭轉跌勢，繼續攀升，向上突破了上界線（如圖9-15所示）。

(3)在上升旗形形態的形成過程中，如果證券行情基本形成旗形形狀，而其成交量卻呈不規則變化或呈遞增趨勢（不是呈遞減趨勢），則這種情況不是旗形整理形態，很有可能是反轉形態。即上升旗形中，證券價格卻跌破下界線，快速下降。換句話說，就是高成交量的上升旗形很可能暗示著上升走勢的逆轉即下跌行情的出現。

(4)證券價格在上升旗形中通常是在一個月內向預定方向發展，如果超過三周沒向預定方向發展，則有可能發生意外變化，投資者應謹慎投資。

(5)上升旗形整理形態中，到了旗形的末端，證券價格突然急劇上升，成交量也跟著增加，而且證券價格突破上界線而上升，只會在以前最高價格附近稍事停留，整理籌碼後，馬上展開另一輪上升行情。

4. 上升旗形中股價變化實例

〔實例〕

1998年6月至7月，紐新股份（代號為2021）在26.80元至25.20元之間形成了一個上升旗形整理形態（如圖9-16）。在

25.5元價位開始止跌回升，一路陽線突破了30元大關。

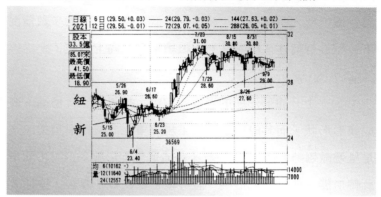

圖9-16 紐新日K線圖

㈡ 下降旗形

1. 下降旗形的形態特徵

在下降的行情中，證券價格經過一陣急速下降，降到一定價位時，由於受到某種力量的舉托，開始止跌回升，並在一個密集的小區域內升降，形成了一個價格波動密集區，把這個密集區的相對高點和低點分別用直線相連，就形成了一個自左向右稍微上斜的長方形（或平行四邊形），猶如正在下降的一面旗幟（如圖9-17），這便是下降旗形。

2. 下降旗形的市場涵義

在一個迅速下跌的證券市場行情中，證券的價格在短期內急速下跌，但是當證券價格下降到一定價位，受到某種力量的舉托，開始止跌回升。這股力量來自於對後市看好的投資者的進貨行為，證券價格跌至一定價位後，部分投資者認為行情不會下跌，便開始買進證券，證券的價格開始反彈，反彈到一定高度，受到賣方的壓力，又小幅度下跌，跌到一定價位又被買方托住，止跌回升，繼續反彈。由於廣大投資者對後市看淡，所以在這個價格變動密集區域內，每次價格下跌和反彈的力度都很小，而且一浪不如一浪，表現為成交量呈遞減狀態。在行情變化圖上便形成了一個自左向右稍微上傾的長方形（或平行四邊形）的旗幟狀，這就是下降旗形。

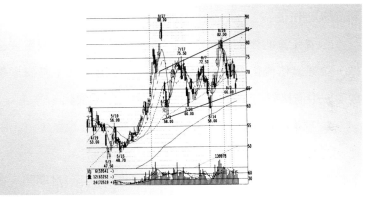

圖9-17 下降旗形

3. 下降旗形的研判要點

(1)下降旗形形態形成期間，其成交量必須呈遞減狀態。否則，很可能不屬於下降旗形整理形態。

(2)一般情況下，下降旗形屬於行情整理形態，經過一段

時間盤整，證券行情會繼續原來的變化趨勢。即經過一段時
期整理後，證券價格會跌破下降旗形的下界線，繼續下跌
（如圖9-17所示）。

(3)需要特別注意的是，下降旗形形態中，證券價格跌破
下界線時，也需要有大成交量相配合。這一點與其他形態截
然不同。

(4)在下降旗形中，證券價格通常最長在一個月內朝預定
方向變化，如果超過了3周，證券價格仍然沒有朝預定方向變
化，則有可能發生意外，此時，投資者需認真觀察，重新研
判行情走勢。

(5)成交量的變化是判斷下降旗形整理形態的一個重要指
標，證券價格變化走勢是否為下降旗形，以及在下降旗形整
理形態中價格將如何發展，都取決於成交量的變化。

4. 下降旗形整理形態中證券價格變化實例

〔實例〕

華銀股份（股票代碼為2803）在1998年6月至7月期間，在
60元至70元左右形成了一個下降旗形整理形態（如圖9-18）。
從高位65元左右開始，一路下跌，終於跌破了50元大關。

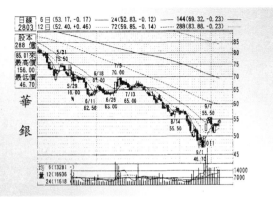

圖9-18 華銀股份日K線圖

複習思考題：

1. 什麼是整理形態？整理形態從圖形上可分為哪幾種？

2. 對稱三角形的市場涵義、研判要點是什麼？

3. 上升三角形的市場涵義、研判要點是什麼？

4. 下降三角形的市場涵義、研判要點是什麼？

5. 上升楔形的市場涵義、研判要點是什麼？

6. 下降楔形的市場涵義、研判要點是什麼？

7. 矩形研判要點是什麼？

8. 旗形共有幾種？各種旗形的市場涵義是什麼？

第十章 缺口形態

　　股價的運行往往會在某個價位形成密集成交區，而這些密集成交區的軌跡曲線通常又會構成各種形態；如反轉形態的頭肩型、雙重頂與雙重底、V形、圓弧形；整理形態的三角形、楔形、旗形、矩形；缺口形態等等。這些形態常常顯示著股價變動的趨勢，因此，對這些形態的研判就成了重要的技術分析方法。

　　在各種形態中，缺口（Gaps）最容易辨認，同時又具有極明顯的預測市場功能。所以，各種形式的缺口是圖表派最感興趣的價格走勢指標，亦是圖表分析的重要基礎。

　　在各種不同的缺口中，弄清哪些缺口比較重要，哪些缺口不那麼重要；哪些缺口最應該封閉，哪些缺口不需要封閉；不同形態和不同時候所產生的缺口有何不同的意義等；對於準確判斷缺口形態，並進行研判及提高預測市場的準確性顯得尤為重要，也是缺口形態分析的關鍵。

第一節　缺口形態的基本內容

一、缺口的概念

　　在一個平常的走勢中，當日的開盤價為前一日行情的延續，是銜接前一日的收盤價的，如果發生了供需失衡的情況，該日的開盤價可能會高於前一日的收盤價或低於前一日的收盤價，這便是跳空開盤。若當日開盤價高於前一日的收盤價，稱之為跳空高開盤，簡稱跳空高開。反之，當日的開盤價低於前一日的收盤價，稱之為跳空低開盤，簡稱跳空低開。

從K線圖可以看到，如果一個形狀完全的形態，不論是整理形態還是反轉形態，或在波動較小的價格區域內以低成交量變動的股票，有時某日會受到突如其來的利多或利空消息的影響，導致供需極度不平衡的狀況，持股者的惜售或急於脫手，造成了跳空開盤，而且開盤價高於前一日的最高價或低於前一日的最低價，如此，形成了一個沒有交易的價格空缺，在圖表上顯示出一個不連貫的缺口。如果當日交易結束後，該價格空檔依然存在，便形成了缺口。因此，所謂缺口，是指供需關係發生重大變化後，股價（或指數）在一段時間內（如日、周、月等）沒有交易達成而形成的價格空檔區域。

應當指出，跳空開盤並非是缺口的充分必要條件，跳空開盤僅是缺口的必要條件，但不是充分條件。即缺口一定是跳空開盤，但跳空開盤不一定是缺口，亦即缺口是跳空高開或低開的結果，而跳空高開或低開在圖表上並不一定形成缺口，可參考圖10-1。

就日K線而言，缺口是指股價在某日的最低價比前一日的最高價還要高，或是某日的最高價比前一日的最低價還要低。而周K線的缺口必須是一周中的最低價比前一周的最高價還要高，或是一周中的最高價較前一周的最低價還要低。月K線、年K線的缺口亦是如此。

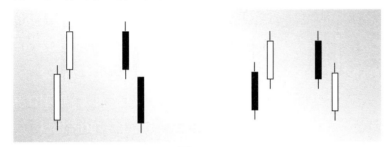

圖10-1

　　由缺口的涵義，我們來分析圖10-2所示的K線形態：

　　由圖10-2A可見，第二根K線是跳空高開，且開盤時形成了缺口，但由於該根K線的下影線超過了第一根K線的上影線的頂端，最終並未形成價格空檔，所以該K線組合沒有形成缺口形態。

　　圖10-2B相似於圖10-2A，所不同的僅是第二根K線的下影線的末端與第一根K線上影線的頂端持平，因此，亦未形成缺口。

　　圖10-2C與圖10-2A的情況正好相反，是跳空低開，不是缺口形態。

圖10-2D則與10-2B情況相反，為跳空低開，也不是缺口形態。

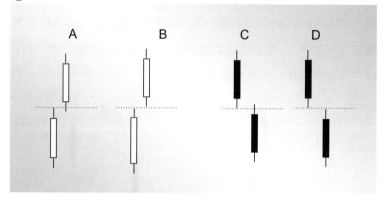

圖10-2

由此可見，缺口必須在一個交易周期結束後才能予以確認，而非由開盤是否形成缺口去確定。顯然，交易周期與價格空檔是形成缺口的兩個不可分割的要素。

許多技術分析專家認為，任何缺口必須封閉，稍微緩和的講法是如果一個缺口在三天內不封閉，將會在三星期內得到封閉。另有些人則認為三天內若不封閉缺口，此缺口絕對有意義，且短期內不會補空。這些不同看法並不重要，主要是應注意與了解缺口封閉前與封閉後股價的運行動向，達到準確研判及預測市場的目的。

一般而言，缺口若不被下一次級移動封閉，那就可能由一個中級移動封閉，若時間更長，則將由一個反向移動的原始上升或下跌移動所封閉，極可能是一年或幾年才會被封閉。

　　缺口被封閉後的走勢是投資者所關心的。當缺口在短期內被封閉，表示多空雙方經過爭戰，原先取得優勢的一方後勁不足，未能乘勝追擊，而由進攻轉為防守，處境自然不利；當長期存在的缺口被封閉，表示趨勢已反轉，原先主動的一方已處於被動地位，而原先被動的一方則轉而控制了大局。

　　另外，有一種缺口在圖形中常會發生，但是沒有實際趨勢意義。這是由於它並非是交易行為所產生的，而是由法令規定將股票實際交易價格硬性地從某一交易日起降低，例如除息與除權。這些缺口若被封閉，則稱為填息或填權。

二、缺口的種類

　　缺口一般可分為四種：普通缺口、突破缺口、逃逸缺口、竭盡缺口。

1. 普通缺口（Common Gap）

　　由於短期內的供需失去了平衡，或因突發性的謠傳、消息的影響，常常形成了普通缺口形態。一般情況下，普通缺口往往在短時間之內，立即會被填補。

2. 突破缺口（Break Gap）

　　突破缺口較常出現在多空交戰激烈，且行情呈拉鋸狀況下。突破缺口出現後，獲勝的一方會一路軋空上揚，或是一路殺多下挫，行情將沿著股價趨勢持續下去，短時間之內，不一定馬上會補空，甚至要經過一段較長的時間才補空。

3. 逃逸缺口（Runaway Gap）

逃逸缺口形態會出現股價於一段較短時間內急促的暴漲或暴跌的行情之後，特別是在極強的多頭市場或空頭市場情況下會出現這種缺口。逃逸缺口的出現，是由於行情的暴漲或暴跌，以致空方紛紛不計價格認賠回補翻多，或多方不論價格一路殺出，從而在此輪行情中留下了一個缺口。逃逸缺口一般會在突破缺口之後出現，且在短期內不會補空。逃逸缺口具有度量升跌幅度的作用，因此，亦稱逃逸缺口為測量缺口（Measuring Gap）。一旦，出現了逃逸缺口形態，其後接續的股價漲勢或跌勢的幅度約等於該缺口形成前的升或跌的幅度。亦即從逃逸缺口到該趨勢完成時的幅度約等於從該趨勢開始上升或下跌到逃逸缺口之間的幅度。

4. 竭盡缺口（Exhaustion Gap）

竭盡缺口形態為一大段暴漲或暴跌行情中，所出現的最後的一個缺口。通常，當行情毫無理性的狂升或狂瀉時，絕大多數的投資者喪失了理智，在愈衝愈高的行情中，一路追高，不擇手段搶進，或在愈殺愈低的行情中，一路殺低，拋盤紛湧，導致了此種超強勢的缺口。竭盡缺口的出現，往往是轉勢的提示，此時的缺口，多數會在數日之內回補。

四種缺口形態如圖10-3及圖10-4所示。

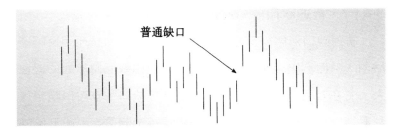

普通缺口

圖10-3

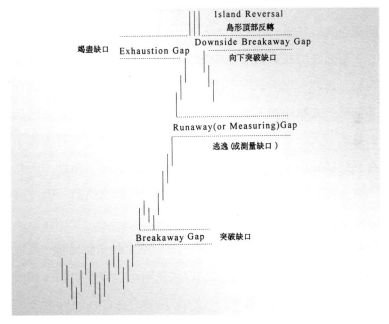

Island Reversal
島形頂部反轉
Downside Breakaway Gap
向下突破缺口

竭盡缺口　Exhaustion Gap

Runaway(or Measuring)Gap
逃逸(或測量缺口)

Breakaway Gap　突破缺口

圖10-4

缺口形態

第二節　缺口形態的應用

一、普通缺口

普通缺口形態經常發生在一個交易密集的整理與反轉區域內，然而它出現在整理形態的機會往往較反轉形態的機會大。若在對稱三角形、矩形中出現此種缺口，應可以斷定這種形態屬整理形態。它的特徵是出現跳空開盤後，所形成的缺口並未導致股價脫離形態而上升或下降，而且在短期內走勢仍然是盤局，缺口會被封閉。對短線操作者而言，對於此種普通缺口形態，可在價格區域內高拋低接，賺取差價。

普通缺口在缺口形態中是一種最不重要的缺口，也是最容易，最該封閉的缺口，由於普通缺口很容易被回補，這在多空雙方交戰中並未表示哪方取得了主動，所以，其短期技術意義不大，可以說是近乎於零。大多數技術分析專家都不在乎此種缺口。但是，對於較長期技術分析卻有幫助，因為一個密集形態正逐漸形成，它顯示著多空雙方終有一戰，將決勝負。

圖10-5所示為普通缺口形態。當股價走勢呈盤局時，經常出現跳空後的缺口，而這些缺口又在兩三日內被封閉，從而形成了普通缺口的形態。

二、突破缺口

突破缺口形態通常發生在某種重要的股價圖形完成之後，或是新的重要的股價圖形產生之初。

　當市場完成了主要的底部反轉形態，例如頭肩底以後，對頸線的突破經常是以突破缺口的形式出現。而在市場的頂部或底部所發生的重要突破，則孕育著這種缺口的產生。此外，主要趨勢線的突破表示趨勢將要反轉，這時也可能引發突破缺口的出現。

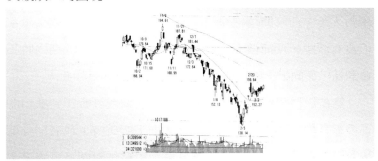

圖10-5

　當缺口跳空上升或下降而遠離形態，突破盤局時，說明真正的突破已經形成，行情將順著股價趨勢運行下去。即股價向形態上端突破，整理區域便成為支撐區域，會有一段上升行情出現；或股價向形態下端突破，整理區域就成為阻力區域，會有一段下跌行情出現。

　通常導致突破缺口的K線是強而有力的長陽線或長陰線，顯示多空雙方之一的一方的力量得以伸展，而另一方則敗退，此時的缺口顯示了突破的有效性，股價未來變動的強弱，由缺口的大小決定，突破缺口愈大，未來股價變動愈強烈。

成交量對突破缺口具有重要的作用，突破缺口通常是在高額交易中形成的。如果該缺口產生前成交量大，在向上突破後，成交量卻未擴大或隨著股價波動而相對減少，表示突破後並沒有大換手，行情變動一段後會由於獲利者回吐，承接力不強，而回頭填補缺口。若突破缺口發生後，成交量不但沒有減少，反而擴大，則此缺口的意義深遠，近期內將不會回補。與向上突破一樣，向下突破的情形亦是如此。

突破缺口通常不會被完全補滿，股價或許會回到缺口的上邊緣（向上突破時）或下邊緣（向下突破時）或者部分地掩蓋一部分缺口，但總有一部分缺口不會被封閉。事實上，如果該缺口被完全封閉，這倒可能是個信號，說明原先的突破並不成立，可能是突破的假象。

圖10-6所示為向上突破的突破缺口形態；而圖10-7所示為向下突破的突破缺口形態。

三、逃逸缺口

逃逸缺口形態通常出現在股價突破了一個形態後，進入另一個上升或下跌的遠離該形態至下一個整理或反轉形態的新市場運行、發展階段的中途。即股價在突破發生之後，當新的市場運行發生、發展過一段以後，股價大約會在整個運行的中間階段將再度跳躍前時，形成逃逸缺口。

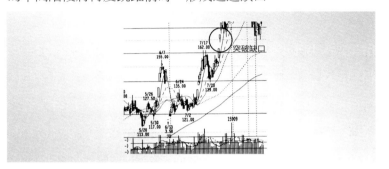

圖10-6　向上突破缺口的突破缺口形態

逃逸缺口一般會在突破缺口之後出現，但逃逸缺口出現的次數比前兩種缺口要少，而且在突破後的上升或下跌過程中，可出現一個以上的逃逸缺口。逃逸缺口出現愈多，表示其趨勢愈來愈接近終結，即股價的變動距終點位置愈來愈近。

逃逸缺口的出現反應市場正以中等的交易量順利地發展。其表現為：在上升趨勢的市場中，顯示了市場的堅挺；而在下跌趨勢的市場中，則顯示了市場的疲軟。

逃逸缺口形態的出現，不但表示後市將繼續移動，而且還可以預測出該趨勢未來能達到的大致水平。因為逃逸缺口通常出現在整個趨勢的中點，所以只要計算出本趨勢與原趨勢突破點的垂直距離，這一距離便是本趨勢未來移動大約可達到的幅度。

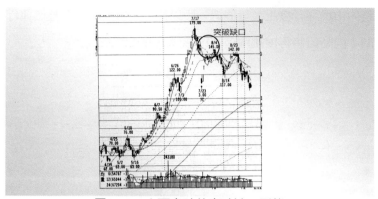

圖10-7　向下突破的突破缺口形態

　　與突破缺口相同。在上升趨勢中,逃逸缺口的出現則將會在此後的市場調整中構成支撐區,而在下跌趨勢中,逃逸缺口的出現則將會在後市的調整中構成阻力區。逃逸缺口通常也不會被完全封閉,若股價重新回到缺口之下或之上,則是對該趨勢相當不利的信號。

　　圖10-8所示為上升趨勢的逃逸缺口形態,而下跌趨勢的逃逸缺口形態由圖10-9所示。

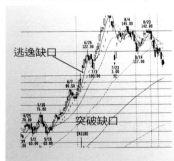

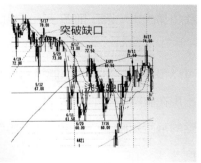

圖10-8　上升趨勢的
　　　　　逃逸缺口形態

圖10-9　下跌趨勢的
　　　　　逃逸缺口形態

四、竭盡缺口

　　竭盡缺口形態通常出現在市場波動接近尾聲處。在多頭市場出現竭盡缺口，表示長期上升行情就將結束，這一缺口的形成乃是股價在奄奄一息中的迴光反照而已；而在空頭市場出現竭盡缺口，則顯示長期下跌行情接近了尾聲，將進入整理或反轉階段，但是並不是所有股票在一輪行情結束前都產生竭盡缺口。

　　任何一種熱門股票在上升或下跌行情中出現竭盡缺口之前，絕大部分均已出現過其他類型的缺口（突破缺口、逃逸缺口等），即竭盡缺口是一輪上升或下跌行情中最後出現的一個缺口形態。

　　成交量對竭盡缺口的確認有著重要的價值。在一輪上升行情中，發生缺口之交易日或次日的成交量若比以往交易日都顯得特別龐大，則顯示將來一段時間內不可能出現較此更大的成交量或維持此成交量的水準，那麼，發生的缺口極可能是竭盡缺口。如果缺口出現後的隔一交易日的行情有當日反轉情況出現，且收盤價停在缺口邊緣，則可以肯定這是竭盡缺口。同理，下跌行情結束前出現向下跳空缺口，且成交量萎縮，則此缺口是竭盡缺口。竭盡缺口形態一旦被確認，顯示市場將出現反轉，而且此缺口多數會在數日之內回補。

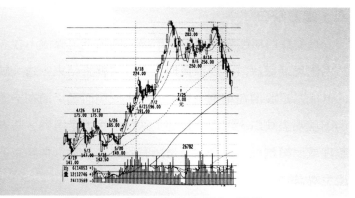

圖10-10　上升趨勢的竭盡缺口形態

　　圖10-10所示為股價在三月初突破後，不到兩個月內漲勢驚人，以後再度出現缺口，但股價上升有限，爾後立即反轉大跌，此缺口為上升趨勢的竭盡缺口形態。圖10-11所示為年初結束下跌行情而使股價回升，但在股價止跌回升之際，出現了向下跳空缺口，此後股價下跌有限，該缺口是下跌趨勢的竭盡缺口形態。

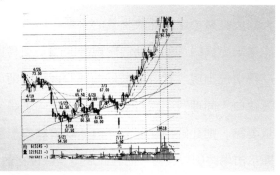

圖10-11　下跌趨勢的竭盡缺口形態

五、島形反轉

我們發現K線圖形有時候在同一價位區會出現兩個缺口，即在上升或下跌的趨勢移動中出現了竭盡缺口，股價繼續向上或向下移動，經過數日或一個星期乃至稍長時間的變動，開始朝反方向移動，而在原先的竭盡缺口價位再度出現跳空下跌或上升的缺口，形成了突破缺口。由於兩個缺口大約在同一價位發生，而其間的股價變動在圖形上看起來像似一個孤立的小島，四周為空白——"海水"所包圍，向上或向下的竭盡缺口與向下或向上的突破缺口結合在一起，完成了一個反轉形態，我們稱之為島形反轉。

島形反轉形態極少出現，一旦發生常意味著市場將發生一定程度的反轉。當然，反轉的規模將取決於市場本身在趨勢的總體結構中所處的地位。

圖10-12所示為上升趨勢的島形反轉形態，而下跌趨勢的島形反轉形態如圖10-13所示。

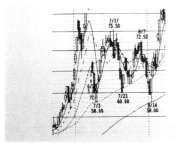

圖10-12　上升趨勢的
　　　　　島形反轉形態

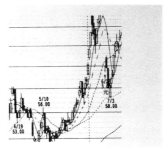

圖10-13　下跌趨勢的
　　　　　島形反轉形態

缺口形態

六、缺口的研判

在K線圖形中經常會發生缺口現象，當缺口出現時，準確判斷它屬於哪一種缺口，對投資決策有重大意義，我們可根據各種缺口的特徵進行推敲，並結合缺口的封閉、股價趨勢的不同形態、缺口發生的時間及成交量的變化情況等方面綜合進行研判：

從缺口的封閉來區分。通常普通缺口與竭盡缺口都會在幾天之內封閉，而突破缺口與逃逸缺口一般在一段長時期內不會被封閉。進一步的區分，則是普通缺口較竭盡缺口更容易封閉，而突破缺口則較逃逸缺口更不易被封閉。

以缺口出現時股價趨勢所處的形態來辨別。普通缺口與突破缺口發生時都有密集形態的陪襯，普通缺口在形態內發生，且沒有脫離形態而突破缺口則在股價變動要超越形態時發生。逃逸缺口與竭盡缺口沒有密集形態的伴隨，是在股價急速變動的行情中途與臨近終點出現。

就缺口出現所處的時間來判斷。突破缺口表達為股價出現一種新的趨勢移動的開始，逃逸缺口是股價快速移近於該趨勢中點的訊號，竭盡缺口則表示股價移動已近終點。就是一個新的股價趨勢，移動通常以突破缺口開始，在該趨勢的中間階段出現逃逸缺口，爾後隨著快而猛的股價上升或下跌須警惕竭盡缺口的出現。

據缺口出現當日及以後的成交量的變化情況來推斷。缺口發生的當日或隔一日的成交量非常大，而預料短期內不容易推持或再擴大成交量，這可能是竭盡缺口，而非逃逸缺口。

投資者如何運用缺口形態進行操作呢？一般而言：

當股價以大成交量向上突破，留下缺口，這是多頭市場的徵兆，日後仍將有高價出現，不論在下一個次級行情的頂點是否賣出，在股價回跌時仍可以加碼買進。

當股價在急速上升過程中出現一個缺口，就需判斷這個是逃逸缺口還是竭盡缺口。若是逃逸缺口，可繼續持有股票，在預計可達到的價位開始出貨，當反轉出現時，就應立刻賣出所有股票，以保持戰果；若是竭盡缺口，則應毫不猶豫地拋出手中的股票。

空頭市場中，可反向來操作，就是遇突破缺口時應賣出所有股票，而在竭盡缺口出現時，可開始補空翻多。讀者注意，下跌突破缺口不像上升突破缺口那樣須用成交量擴大來印證。

當普通缺口出現時，短線客可在價格區域內，採用高出低進的操作方法，賺取差價。

一般當缺口出現在多空長期爭戰的熱門股時，其股價趨

缺口形態

勢指標作用明確；而出現在多空對峙較少的冷門股時，則難以作為判斷股價趨勢的指標。

複習思考題：

1. 試述缺口的概念、形成缺口的要素。

2. 在技術分析中，缺口形態屬何種分析方法？其特點是什麼？所處的地位如何？

3. 運用缺口形態進行分析的關鍵何在？如何掌握？

4. 缺口有幾種類型？各種不同缺口的特徵怎樣？

5. 各種缺口形態的技術意義如何？

6. 突破缺口、逃逸缺口、竭盡缺口的關係怎樣？

7. 成交量在缺口形態分析中有何作用？

8. 島形反轉的特徵是什麼？其技術意義？

9. 對缺口如何才能準確判斷其屬於哪一種形態？具體怎樣進行？

10. 試述運用缺口形態進行操作的一般原則。

第十一章 價的技術指標（上）

　　所謂技術指標就是反應證券市場總體與個體價格水平發展趨勢的數量特徵的概念。早期的證券市場技術分析主要是借助市場行為形成的圖表形態，來預測未來的證券價格走勢。但這種圖表解析方法在實踐中容易受分析者主觀意識的影響，對同一價格變動不同的分析者有不同的判斷。為了減少圖表判斷上的主觀性，技術派逐漸發展出一些可運用數據進行計算的統計指標，來輔助分析者對圖形形態的知覺與辨認，使分析更具客觀性，這些統計指標統稱技術指標。技術指標分析的出現使得證券市場技術分析體系更趨完善、分析結果更趨客觀。現在，技術指標已發展到數百種，其中價的技術指標，依內容不同大致可分為兩大類：其一是價格平滑指標；其二是買賣能量指標。本章主要研究價格平滑指標。

第一節　移動平均線（MA）

一、移動平均線的基本內容

㈠ 移動平均線的概念

　　將一定時期內的證券價格水平運用統計方法加以移動平均，並以此為縱座標，以時間為橫座標，逐日標在直角座標內，再將座標內的各點連結成一平滑的曲線，這就是移動平均線（Moving Average）。投資者據此可以研判證券價格變動趨勢，把握證券市場的走向，有效地進行證券投資。

　　移動平均線具有以下特徵：①趨勢性特徵。移動平均線能夠顯示分析對象的長期發展趨勢。②平滑性特徵。移動平均線不像日線那樣頻繁、大幅地升降震盪，而是起落相當平穩，向上的移動平均線通常是平滑的向上，向下的移動平均線一般也是平滑向下。③穩定性特徵。即移動平均線不輕易往上往下延伸，只有當證券價格漲勢真正明朗了，移動平均線才會向上移動，而且在證券價格回落之初，移動平均線卻是向上的，等到價格落勢顯著時，才見移動平均線轉勢向下，期限愈長的移動平均線，其穩定性愈強，但也因此使得平均線有延遲反應的特徵。

　　移動平均線起源於美國，經過長期的發展、改善，它現在已成為全世界運用最廣泛，最富於靈活性的證券市場技術分析指標之一。

㈡ 移動平均線的計算與繪製

移動平均線上的點值可以用下式計算：

$$MA \ \frac{1}{n} \sum_{i=1}^{n} Pi$$

式中，n為計算證券價格平均值所用天數；

$\sum_{i=1}^{n} Pi$ 表示包括計算日在內回溯n天的證券價格之和；

MA即表示計算日的證券價格水平在n天內的平均值。

計算MA，除了以上這種簡單算術平均法外，還有加權移動平均法和平滑指數法，但其製作方式較為複雜，效果也並不比簡單移動平均法好，因此，不作進一步討論。

運用這一公式，投資者可計算出證券市場個體或總體價格水平在某一期間的移動平均數，再根據計算得到的移動平均數，繪成移動平均線。例如，要繪製某種股票的12日移動平均線，即是將這種股票從第1個交易日至第12個交易日的收盤價相加後，除以12，得出其算術平均股價，即第1個MA；然後，又以其第2個交易日至第13個交易日的收盤價相加，再除以12，得出該股第2個12天期間的平均股價。以此類推，可以求出以後若干個12日的平均股價，將所求出的平均股價置於一直角座標中，連接成線，便繪成了平均線。

計算平均數所用的天數n不宜過短，也不宜過長。過短，則反應過於敏感，難以顯示價格變動趨勢；過長，則又反應遲鈍，難以顯示價格趨勢的轉變。具體說，n取值的大小主要取決於：第一，證券市場價格變動頻率。證券價格變化頻率較快，則n的取值可以相對小一些；反之，若證券價格變化頻率較慢，則n的取值可以相對大一些。第二，投資者的偏好。投資者如偏好長期投資，n的取值應相對大一些；反之，投資者如偏好於短期投資，那麼n的取值應相對小一些。

（三）移動平均線的功能

1. 移動平均線能夠反應出證券市場價格水平的發展方向。透過移動平均線的描繪，可以省略去證券市場序列中一些偶發性的波動，從而揭示出其變動趨勢。因為如果將證券價格原樣製成曲線，則會誇大價格的波動，無從判斷其發展趨勢，或被誇大的波動所迷惑，難以對市場前景做出準確的預測。

2. 移動平均線能夠清晰地反應出一定期間內的證券投資的平均成本，為投資者的買賣價格決策提供比照數值。以較低的價格買進證券後，再以較高的價格賣出證券，這是每個投資者所刻意追求的。無論是較低的價格還是較高的價格都是相對而言的，是相對平均價格而言的，因為證券價格日線最高價、最低價具有隨機性，無規律可循，所以不宜作為比較參照值。

3. 移動平均線有助於投資者對道氏理論做更好的理解與運用。前面講到的道氏理論將證券價格的變動分為三種，移動平均線與道氏理論一樣依時間長短也分為三種，其涵義與道氏理論三種運動基本相同，移動平均線是將道氏理論加以數據化，從數字的變動中去預測未來證券市場短期、中期和長期變動趨勢。同時運用移動平均線和道氏理論研判證券市場走勢無疑會產生互補作用，收到相得益彰的功效。

二、移動平均線的運用

㈠ 葛南彼移動平均線八大法則

美國技術分析大師葛南彼根據200天移動平均線與每日股價曲線之間的關係提出了買賣股票的八大法則（見圖11-1）。

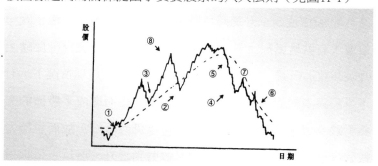

圖11-1

這八大法則中有四大法則是用來確定買進時機的：

1. 當移動平均線持續下降後逐漸轉為盤局或上升，而每日股價曲線從移動平均線下方向上突破移動平均線為買進信號，即圖11-1的①。這是因為移動平均線止跌轉平，表示股價將轉為上升趨勢，而此時股價又突破了移動平均線向上延伸，則意味著當前股價已突破賣方阻力，買方已處於較為有利的地位。

2. 移動平均線呈上升狀態，而股價剛跌破移動平均線便掉頭向上為買進信號即圖11-1的②。這是因為移動平均線的變化較為緩慢，當移動平均線持續上升時，如果股價急速向下跌破移動平均線，在多數情況下，這種下跌只是一種技術回調的表象，整個上升的趨勢並沒有發生變化，所以，過幾天後，股價又會向上延伸再次突破移動平均線，因而也是一種買進信號。

3. 股價連續上升遠離移動平均線之上，股價突然下跌，但還沒有跌破處於上升狀態的移動平均線時便又立刻反轉上升，為買進信號，即圖11-1的③。這是因為在這種情況下，有不少投資者帳面盈利甚豐需獲利了結，從而造成了股價的突然下跌。但由於大部分投資者對後市仍然看好，故而承接力較強，經過短期調整後，股價又會強勁上升。所以，這也是買進時機。

4. 當移動平均線由上升走平繼而下降時，股價突然大幅向下跌穿破移動平均線，且遠離移動平均線，為買進信號即圖11-1的④。這是因為在這種情況下，股價偏低，極有可能出現一輪反彈行情。

葛南彼八大法則中的另外四大法則是對股票賣出時機的界定，這些賣出時機如下：

1. 移動平均線由上升逐漸變平繼而下降時，股價向下跌破了移動平均線，為賣出信號，此時表明股市將由多頭轉為空頭，即圖11-1的⑤。

2. 移動平均線持續下降，股價跌落於移動平均線之下，然後又向移動平均線彈升，但未突破移動平均線即又告回落，為賣出信號。此時表明股市仍處於熊市狀態。股價的此次上升只是一種技術反彈而已，即圖11-1的⑦。

3. 移動平均線處於下降狀態，股價從下向上突破移動平均線，但立刻又掉頭向下，為賣出信號。此時表明股市上升乏力，疲軟看跌，即圖11-1的⑥。

4. 移動平均線處於上升狀態，股價急速上升而遠離移動平均線時，股價極有可能出現回跌趨向於移動平均線，為賣出信號。此時股市雖然處於多頭狀態，但由於股價太高，有回檔整理的要求，即圖11-1的⑧。

㈡ **移動平均線的組合判斷**

上述八大法則是根據一條移動平均線來研判證券市場價格變動趨勢從而確定買賣證券時機的。由於移動平均線可分為短期線、中期線、長期線。短期線對價格變動比較敏感，買進或賣出的信號顯示也較為頻繁；中、長期線對價格變動的反應則較為遲鈍，但卻能說明證券市場的中長期發展趨勢。因此，綜合利用這三種移動平均線的特性，對於把握好投資時機很有價值（見圖11-2）。

1. 當短期移動平均線快速地超越中、長期線向上延伸時，意味著買進時機的到來即圖11-2的①。這是因為當股價持續下降至谷底轉為上升趨勢時，對此反應最快的是短期移動平均線，所以從圖中看，短期移動平均線首先超過中、長期移動平均線而居於三線的最上方，隨後中期移動平均線也移至長期移動平均線和短期移動平均線之間。

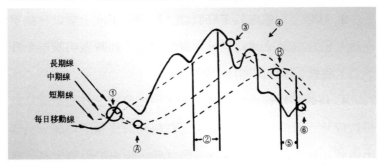

圖11-2

2. 每日行情曲線位於最上方並與短期線、中期線和長期線並列，且各條線都呈上升趨勢，表示證券行情堅挺，是投資者的安全時區即圖11-2的②。

3. 行情堅挺了相當一段時日後，日線向下跌破短期線，且短期線也從盤整狀態的高點出現下降態勢，則意味著高價區動搖，這時投資者應即時賣出獲利了結即圖11-2的③。

4. 當短期線、中期線和長期線這三條移動平均線開始出現微妙地交叉時，通常是一個明顯的空頭信號即圖11-2的④。

5. 當短期線、中期線和長期線按下、中、上順序排列且三條線都呈下降態勢時，這是典型的空頭疲軟行情即圖11-2的⑤。

6. 下跌行情持續了相當一段時間後，短期線從谷底轉為上升傾向時，則表示市場行情可能止跌反轉，將出現新的一輪上升趨勢，投資者應擇時買進即圖11-2的⑥。

圖中的A點通常稱之為"黃金交叉點"（Golden Cross）即中期移動平均線向上延伸穿破長期移動平均線時的交點。這一點是熊市與牛市的分界嶺，它標示著證券市場已由熊市開始進入牛市狀態。黃金交叉點出現後，短期線、中期線和長期線開始自上而下依次排列，這便是證券市場多頭排列的情形。

圖中B點通常稱之為"死亡交叉點"（Dead Cross），即中期移動平均線向下跌穿長期移動平均線的交點。它標示著上漲趨勢已經結束，證券市場已由牛市轉變為熊市。死亡交叉點出現後，長期線、中期線、短期線由上至下依次排列，這便是證券市場空頭排列的情形。

三、移動平均線的評價

㈠ 移動平均線的優點

1. 在證券投資過程中，運用移動平均線理論可以界定風險程度，將虧損的可能性降至最低。

2. 當新的一輪上升行情發動時，運用移動平均線理論指導證券買賣，其利潤非常可觀。

3. 移動平均線的組合可以判斷證券市場價格變動的真正

趨勢。

㈡ 移動平均線的缺點

1. 當證券市場行情發生牛皮盤整時，移動平均線發出的買賣信號頻繁，容易使投資者疲於奔命，甚至會判斷失誤。所以，移動平均線在整理期間難以有效地發揮作用。

2. 移動平均線的最佳日數與組合，難以判斷與確認。

3. 單憑移動平均線發出的信號，無法給予投資者充足的信心，必須與其他技術指標相結合，才能做出較為準確的投資決策。

移動平均線實例見圖11-3。

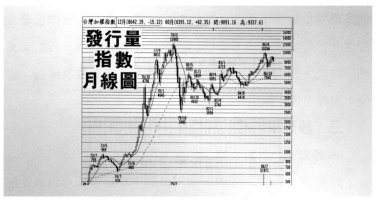

圖11-3 加權指數MA走勢圖

第二節　乖離率（BIAS）

乖離率簡稱Y值，它是由移動平均線原理衍生出來的，用於測定當日證券價格水平與移動平均線偏離程度的一項技術指標。

移動平均線揭示了這樣一個基本原理：即當證券價格水平遠離移動平均線時，不管證券價格水平是居於移動平均線之上，還是處於移動平均線之下，都有趨向移動平均線的客觀要求。但它並沒有說明證券價格水平距離移動平均線究竟為多遠才會真正趨向移動平均線。乖離率即是為解決此問題而設計的。

一、乖離率的計算

1. N日大勢Y值$=\dfrac{\text{當日收盤指數}-N\text{日移動平均指數}}{N\text{日移動平均指數}}\times100\%$

2. N日個股Y值$=\dfrac{\text{計算日收盤價}-N\text{日移動平均股價}}{N\text{日移動平均股價}}\times100\%$

其中N日為設定參數，可按投資者選用的移動平均線周期天數設定。

二、乖離率的應用

1. 從上述公式可以清楚地看出，乖離率可分為正乖離率和負乖離率。當證券價格水平在移動平均線之上時，其乖離率為正；反之當證券價格水平在移動平均線下方時，其乖離率為負；當證券價格水平與移動平均線重疊時，其乖離率為0。隨著證券價格的漲跌波動，乖離率會周而復始地穿梭於0

點的上方和下方。其數值的高低對未來證券市場行情的走勢有一定的預見功能。一般而言，正乖離率上升到某一百分比時，即意味著在短期內作多者由於獲利頗豐，很可能回吐了結，迫使證券價格水平下跌，這便是沽售信號；當負乖離率下降至某一百分比時，即表示作空者建倉的可能性大，從而推動證券價格水平上漲，這便是買進信號。

2. 乖離率究竟達到何種程度為最佳買賣時機，並無統一規則。分析者可憑觀圖經驗和對市場行情強弱的認識得出綜合結論。國外的經驗數據如下：

6天移動平均值乖離：-3.0%以下為買入時機；+3.5%以上為賣出時機。

12天移動平均值乖離：-4.5%以下為買入時機；+5%以上為賣出時機。

24天移動平均值乖離：-7%以下為買入時機；+8%以上為賣出時機。

72天移動平均值乖離：-11%以下為買入時機；+11%以上為賣出時機。

由於我國股市投機性很濃，容易暴漲暴跌，所以，對這些經驗數據只能作為參考，絕不可生搬硬套。

3. 在基本趨勢為上升態勢時，乖離率出現負數，投資者可逢低吸納，因為這時入市風險較小；反之，在基本趨勢為下跌態勢時，乖離率出現正數，投資者可逢高派發，因為這時的行情漲升只是技術性反彈，籌碼握在手中風險較大。

4. 多頭市場的暴漲、空頭市場的暴跌，會使乖離率的絕對值達到非常大的程度，但這樣的情況不多，持續的時間也比較短，所以，可作為特例來看待。

5. 投機股的乖離率要高於非投機股。

6. 三減六日乖離的研判。三減六日乖離就是指三日平均數值與六日平均數值之間的差距。三減六日乖離數值有正數與負數，多空平衡點為0，其數值隨市場行情的強弱，反覆地以0點的上方或下方波動。從長期圖形變動可看出正數達到某個程度無法再往上升高的時候，便是沽售信號；反之，便是買入信號。所以三減六日乖離具有事先預測大勢指數或個體行情今後趨勢的功能，在多頭市場中，價格回調多半在三減六日乖離達到0點附近獲得支撐，即使跌破，也能很快拉回。

三、評價

㈠ 乖離率的優點

乖離率的優點在於透過測算證券行情在波動過程中與移動平均線出現偏離的程度，可以得出證券行情在劇烈波動時因偏離移動平均線而造成反彈或回檔的可能性，以及證券行情在正常範圍內移動繼續原有走勢的可信度。同時，乖離率對投資者運用移動平均線預測證券行情走勢也有良好的輔助作用。

(二) 乖離率的缺點

1. 乖離率在研判上，僅以單一乖離線作為研判之基礎，顯然有所偏失。如果突然發生大漲或大跌的行情，投資者有可能錯失良機，在大漲的情況下，作多頭往往只是小賺，而作空頭者很可能是所賺的不夠所虧的，真可謂得不償失。

2. 乖離率並無一定的高低準則，因而據此操作難度較大。

3. 乖離率不適用於人為操縱的證券。

4. 當公司發生股權購併或財務危機時，其股價大漲大跌現象不適用於乖離率。

乖離率實例見圖11-4

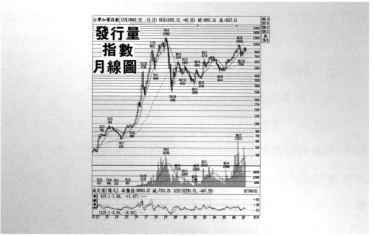

圖11-4 大盤K線、乖離率（BIAS）走勢圖

第三節　指數平滑異同移動平均線（MACD）

一、基本原理

指數平滑異同移動平均線的英文全名為Moving Average Corvergence and Divergence，縮寫為MACD，簡稱指數離差指標。它是根據移動平均線較易掌握趨勢變動的優點發展起來的一種技術分析工具。其基本原理是運用兩條不同速度（一條為快速移動平均線，也即短期移動平均線；另一條為慢速移動平均線，也即長期移動平均線）的指數平滑移動平均線來計算兩者之間的離差狀態（DIF）作為研判證券價格變動方向的基礎，然後再對DIF進行9日平滑移動平均即MACD線。MACD實際就是運用快速（短期）與慢速（長期）移動平均線聚合與分離的徵兆功能，加以雙重平滑運算，用以研判買賣證券的時機和信號。

二、計算方法

1. 首先分別計算出快速平滑移動平均線和慢速平滑移動平均線上的點值即EMA。MACD在應用上，通常以12日為快速平滑移動平均線（12日EMA），以26日為慢速移動平均線（26日EMA）。其計算公式如下：

(1)計算日EMA＝平滑係數（計算日收盤價－上一日EMA）

＋上一日EMA

式中：平滑係數＝ $\dfrac{2}{周期單位數＋1}$ ，所以，

(2)計算日12日EMA＝2/13（計算日收盤價－上一日EMA）＋上一日EMA

(3)計算日26日EMA＝2/27（計算日收盤價－上一日EMA）＋上一日EMA

EMA初始值的計算。當開始計算指數平均值（EMA），並作連續性記錄時，可以將第一個交易日的收盤價作為EMA的初值。若要更精確一些，則可把最近幾天的平均收盤價作為EMA的初值，另外也可根據其所選定的周期單位數，來作為計算EMA的基期數據。

如果計算日證券市場價格上下震幅較大，宜用需求指數DI（Demand Index）來代替當日收盤價。

DI=$\dfrac{C\times 2＋H＋L}{4}$

式中：C為計算日收盤價。

H為計算日最高價。

L為計算日最低價。

2. 計算出12日EMA與26日EMA之後，用12日EMA的數值減去6日EMA的數值，即得到正負差（DIF）

DIF=12日EMA－26日EMA

3. 計算出DIF之後，再用計算平滑移動平均數的方法來計算DIF的9日平滑移動平均數，此數值即MACD之值，將每天的9日DIF值連接起來便是MACD線。MACD線上的點值計算公式如下：

當天MACD＝2/10（當天DIF－前一天MACD）＋前一天MACD

MACD的初始值可取昨天DIF值

4. 計算柱線值（BAR）。BAR就是DIF與MACD兩線之間的垂直距離。其計算公式如下：

BAR＝DIF－MACD

分析者如果要利用MACD研判大勢，只需將上述公式中的收盤價、最高價、最低價改為收盤指數、最高指數、最低指數即可。

三、MACD的運用

一般說來，在證券市場行情持續的漲勢中，快速的移動平均值必然大大超過慢速移動平均值，因此，兩者會出現很大的正差離（＋DIF），且＋DIF之值會愈來愈大，當上漲迫近頭部而漲速緩慢時，＋DIF便會逐漸變小，差離曲線經緩慢上升會開始回頭轉向0軸。當證券股市持續超跌時，差離值便會變負（－DIF），且－DIF之值會愈來愈大，當跌至谷底時，－DIF值則逐漸變小，差離曲線再度掉頭轉向0。MACD正是透過正負差離值與9日平滑移動平均線（9日EMA）的相交點作為研判買賣時機的依據。

㈠ 牛市與熊市的研判

當DIF、MACD或BAR值大於0時，一般可以認為大勢處於多頭市場；反之，當DIF、MACD或BAR值小於0時，一般可以斷定大勢處於空頭市場。

㈡ 買賣信號的研判

1. 當DIF、MACD在0軸上方時，DIF曲線向上延伸並穿過MACD線，為買入信號；但如果DIF向下跌破MACD時，應只可作撥檔，暫時獲利了結。當DIF、MACD在0軸下方時，DIF曲線向下跌穿MACD線，為賣出信號；但如果DIF曲線向上突破MACD線時，則空頭可作暫時補空。

2. DIF線向上延伸突破0軸線時，為買入信號。

3. DIF線向下延伸跌穿0軸線時，為賣出信號。

4. DIF與MACD高位兩次向下交叉，顯示價格要大跌，為賣出信號。

5. DIF與MACD低位兩次向上交叉，顯示價格將要大漲，為買入信號。

6. 股價出現兩三個近期低點，而MACD並不相對出現低點，為買入信號。

7. 股價出現兩三個近期高點，而MACD並不相對出現新高點，為賣出信號。

8. 就中期操作而言，BAR由下向上突破0軸線時為買入信號；由上向下跌破0軸線時為賣出信號。

9. 就短期操作而言，在0軸線上方，BAR由大變小為賣出信號；在0軸線下方，BAR發出的買賣信號與此相反。

⑶ 悖離信號的研判

證券市場的頭部愈來愈高，但MACD的頭部卻愈來愈低；或證券市場的頭部愈來愈低，而MACD的頭部卻愈來愈高，這便是悖離走勢，為反轉信號，前者意味著價格由漲勢轉為跌勢，後者則反之。

四、對MACD的評價

MACD技術分析，運用DIF與MACD線之相交形態及BAR值的大小與悖離現象，作為買賣信號，尤其當市場基本走勢為明顯時，MACD則可為投資者從事證券投資提供較為準確的決策依據，與移動平均線相比，MACD還具有既能消除移動平均線頻繁的假信號缺陷，又有確保移動平均線最大戰果的功效。但MACD無法預知證券市場價格水平的高點及低點，特別是當市場處於盤整狀態時，MACD所發出的買賣信號的錯誤率比較大。此外，運用柱形（BAR）的變化雖然可提早作買或作賣，免得失去一段行情，但有時也會因貪小而失大。

MACD實例見圖11-5

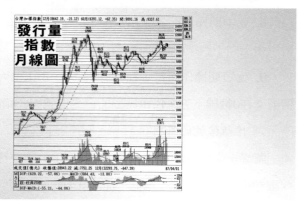

圖11-5 大盤K線、MACD走勢圖

複習思考題：

1. 技術指標分析與圖形形態分析有何關係？

2. 移動平均線有何特徵？怎樣計算與繪製？

3. 結合圖形說明葛南彼八大法則與移動平均線的組合判斷。

4. 黃金交叉點與死亡交叉點的涵義是什麼？

5. 移動平均線有何優點與缺點？

6. 何謂乖離率？其與移動平均線有何聯繫？

7. MACD有何功能？

8. MACD有何優點與缺點？

第十二章 價的技術指標（下）

在證券市場上，多空雙方的能量變化將直接影響證券價格的變動。如多方能量強於空方能量，證券價格就會上漲；反之，如空方能量強於多方能量，證券價格就會上下跌。本章主要研究買賣能量指標。這類指標比較常見的有相對強弱指數（RSI）、威廉指數（％R）、隨機指數（KD線）、動向指數（DMI）、動量指數（MTM）等。

第一節　相對強弱指數（RSI）

相對強弱指數（Relative Strength Index，縮寫為RSI）是由美國技術分析大師威爾士・懷特（Wilder. J. Welles）發明的，它以研判價格變動為分析對象，透過比較一段時間內的平均收盤價（或平均收盤指數）漲幅與平均收盤價（或平均收盤指數）跌幅來研判證券市場買賣盤的動向和實力，從而做出對證券行情未來變動趨勢的判斷。起初，相對強弱指數主要是用來研判變幻莫測的期貨市場的行情走勢，後來又逐漸用於預測漲跌幅較大的債券行情或是股票行情，它現在已成為最流行、也最廣為使用的技術分析工具之一。

一、相對強弱指數的計算

相對強弱指數是同一分析對象在價格波動中平均上漲幅

度與平均下降幅度的比較。其計算式如下：

$$RSI = 100 - \frac{100}{1+RS}$$

式中RS為相對強度，其計算方法是：

$$RS = \frac{A}{B} = \frac{n日內收盤價上漲數的平均值}{n日內收盤價下跌數的平均值}$$

$$A = \frac{n日內收盤價上漲數的總和}{n}$$

$$B = \frac{n日內收盤價下跌的總和}{n}$$

錢龍證券投資分析系統計算A、B的公式是：

$$A = \frac{昨日A值 \times (n-1) + 今日上漲數}{n}$$

$$B = \frac{昨日B值 \times (n-1) + 今日下跌數}{n}$$

計算RSI，必須首先明確期間n值。n取值過小，反應過於敏感；反之，n取值過大，反應又過於遲鈍。投資者應根據市場特徵、證券活動性及分析目的確定具體的n值。最初RSI提出來時採用的是14天並作為默定值。後來在實際操作中，投資者覺得14天太長了，所以，又有用6天和12天的。一般而言，投資性強、比較穩定的市場其n取值可以大一些。如果利用RSI來研判大勢，只須將上述公式中的收盤價換為收盤指數即可。

二、相對強弱指數的應用

㈠ 強弱勢研判

從計算公式可以看出，不論價位如何變動相對強弱指數的值均在0～100之間。RSI持續高於50，意味著市場處於強勢態勢；反之，RSI持續低於50，則表明市場處於弱勢狀態。

㈡ 超買超賣研判

超買，即買氣過重、價格過高而面臨回檔；超賣，即賣氣過重、價格偏低而面臨回升。相對強弱指數一般在70～30的區域內波動。當RSI上升到達80時，意味著市場已有超買現象，如果繼續上升超過90以上時，則表明市場已到嚴重超買的警戒區，證券價格已形成頭部，極可能在短期內反轉回跌。當RSI下降至20時意味著市場已有超賣現象，若是繼續下跌至10以下時，則表示市場已到嚴重的超賣警戒區，證券價格已形成底部，極可能在短期內反轉回升。必須注意，超買超賣的界定還應考慮以下幾個因素：第一是市場的穩定性。價格比較穩定的市場，其RSI超過70時，就可視為超買，低於30時可視為超賣。第二是n取值的大小。n取值小，超買值應高一些；反之，超賣值應低一些。n取值大，超買值應低一些；反之，超賣值則應高一些。如9日RSI，可以規定80以上為超買20以下為超賣；對於24日RSI，可以規定70以上為超買，30以下為超賣。第三是分析對象的屬性。①績優的證券其超買值應低一些，超賣值則應高一些；業績一般或較差的證券，其超買值應高一些，超賣值則應低一些。例如，績優股的RSI達到60時，就可視為超買，達到40時就可視為超賣；而一般股，其RSI達到85～90時，可視為超買，達到20～25時，方可視為超賣。②股性活潑的證券，其超買的數值應高一些（90～95），超賣的數值應低一些（10～15）；反之，股性牛皮的證券，其超買的數值應低一些（85～70），超賣的數值應高一些（35～40）。但有些證券有其自身的超買超賣水準，因此，投資者在買賣某一具體的證券之前，一定要先找出該證券的超買、超賣水準，這可以參照該證券過去12個月相對強弱指數曲線圖。在操作中投資者切忌直接機械地套用上述超買超賣的界定數值。必須特別提醒的是，超買超賣本身並非買入、賣出的信號。有時，市場行情變化迅速，RSI會很快地超出正常範圍，這時RSI發出的超賣超買信號就會失去其作為出入市場的指導作用。比如，當證券市場由空頭轉為多頭的初期，RSI會很快地超過80，並在此區域內停留相當長一段時間，但這並不表示上漲行情將要結束，恰恰相反，它是一種強勢的表現。同樣，在熊市的初期，RSI則會很快下滑到20以下，但這並非表示行情會很快止跌回升，而是說明市場處於弱勢狀態。在證券市場中，超買還有再超買、超賣還有再超賣的現象時有發生。因此，投資者一般不宜僅憑RSI發出的超買信號採取出、入市行動，還應結合其他方法綜合分析，如趨勢線分析、移動平均線分析等發出了與RSI同樣的信號,投資者方可採取實際的買賣行動。

（三）悖離研判

當相對強弱指數值上升而證券市場行情卻下跌,或是相對強弱指數值向下滑落而證券市場行情卻上漲,這種情況稱之為"悖離"。"悖離"有"頂悖離"與"底悖離"兩種形式。當證券市場行情屢創新高,而RSI只是在70～80區域內窄幅波動不能隨之創出新高,這便是"頂悖離"的情形;當證券市場行情屢創新低,而RSI只是在20～30區域內窄幅波動不能隨之創出新低,這便是"底悖離"的情形。這種悖離現象一般被認為是證券市場行情趨勢即將發生重大反轉的信號。"頂悖離"表示證券市場行情將由上升趨勢反轉為下降趨勢;"底悖離"則表示證券行情將由下降趨勢反轉為上升趨勢。這種悖離現象是RSI指標最具有指示意義的信號。

（四）形態研判

RSI所發生的超買超賣信號,只是向投資者發出的一種警告,並不是實際的買賣信號。但RSI在超買超賣區一般會形成M頭、W底、頭肩頂、頭肩底等形態,投資者結合這些形態來研判市場行情變動趨勢可獲得較為準確的買賣指令。如果RSI於20附近出現W底及頭肩底形態,則提示投資者可以買進;如果RSI附近出現M頭及頭肩頂形態,則提示投資者可以賣出。

㈤ 切線突破研判

切線突破分析是利用RSI曲線確定買賣證券時機的一種方法。在證券市場行情上升過程中，連接一段時間RSI曲線上的明顯的低點便形成切線（支撐線），當RSI曲線在後來的延伸中向下跌破這一切線，為賣出信號；在證券市場行情下跌過程中，連接一段時間RSI曲線的明顯高點便形成下降切線（阻力線），當RSI曲線在後來的延伸中向上突破這一切線時，為買進信號。

㈥ 多空市場研判

當不同天數的RSI呈現出這樣的關係即：3日值＞5日值＞10日值＞20日值＞60日值，這時的證券市場屬多頭市場；反之，當3日值＜5日值＜10日值＜20日值＜60日值時，便屬空頭市場。

㈦ 超前研判

相對強弱指數與證券行情比較時，一般會超前顯示未來證券行情的變化，即證券行情未漲而RSI曲線先向上延伸及證券行情未跌而RSI曲線先向下滑落，這種特性在證券行情的高峰與谷底反應最為明顯，利用這一特性投資者可以加深對"高峰"與"谷底"的認識。

三、評價

相對強弱指數具有顯示超買超賣的功能，能預測證券行情將見頂回落或見底回升。但RSI只能作為一個警告信號，並不意味著價格變動必然朝這個方向發展，在市場劇烈震盪時尤其如此。只有在價格本身也確認轉向之後，才能確定買賣時機，從而使投資者錯過一段行情，損失一部分利潤。還有悖離走勢的信號通常都是"事後諸葛"，難以事前確認，當市場處於牛皮盤整狀態時，RSI值徘徊於40～60之間，雖有時向上突破阻力線和向下跌破支撐線，但證券價格並無實質性的上升或下跌。RSI的時間周期難以科學確定。此外，以收盤價或收盤指數計算RSI的值缺乏可靠性，特別是當計算日的行情波幅極大，上下影線很長時，RSI的漲跌便不足以反應該股行情的波動。因此，投資者在實際操作中，應參考其他指標綜合分析，切忌單獨依賴RSI的信號確定買賣的時機。

　　相對強弱指數實例見圖12-1

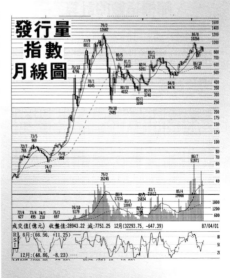

圖12-1　大盤K線、RSI走勢圖

第二節　隨機指數（KD線）

隨機指數（Stochastic）是由喬治・藍恩博士（Dr. GeogeLane）發明的，它的圖形是由％K和％D兩條曲線所構成，因此簡稱KD線，它是期貨和股票市場最常用的技術分析工具之一。隨機指數的理論依據是：在證券行情處於上升過程中，收盤價往往接近於當日最高價；而在下降趨勢中，收盤價通常接近於當日最低價。隨機指數的目的在於反應出近期收盤價在價格區間中的相對位置，即是偏向於最高價，還是偏向於最低價。

一、隨機指數的計算

隨機指數的計算方法有兩種：一種是原始計算法；另一種是修正計算法。

㈠ 隨機指數的原始計算法

$$\%K = \frac{C - L_n}{H_n - L_n} \times 100$$

$$\%D = \frac{H_3}{L_3} \times 100$$

式中：C為當日收盤價。

　　　　L_n為n日內最低價。

　　　　H_n為n日內最高價。

　　　　n為時間參數，一般選用5天。

H₃為最後三個（C - Ln）之和。

L₃為最後三個（Hn - Ln）之和。

%K、%D線的上下變動區間為：0—100，將計算得到的K值、D值分別連接起來，便是%K與%D線，通常用實線代表%K線，用虛線代表%D線。從計算公式可以看出，%D線其實只是%K線的3日移動平均線，所以，%K線較敏感，%D線較平緩。

㈡ 隨機指數的修正計算法

上述方法所計算出的%K值、%D值，其反應比較敏感，進出信號比較繁雜，所以，後來人們為提高隨機指數的預測股市功能，便採用慢速處理的方法對上述公式進行修正。這又有兩種不同的做法：一種做法就是去掉比較敏感的%K線，將原先的%D線變為新的%K線，再對新%K線進行3日移動平均，然後作為新的%D線。經處理後的%D線信號更為可信。

另一種做法就是將原先的%K值作為"未成熟隨機值"（Row Stochastic Value，縮寫為RSV），再據此分別計算%K和%D值。計算公式如下：

1. $RSV_t = \dfrac{C_t - L_n}{H_n - L_n} \times 100$

2. $\%K_t = \dfrac{2}{3}\%K_{(t-1)} + \dfrac{1}{3}RSV_t$

3. $\%D_t = \dfrac{2}{3}\%D_{(t-1)} + \dfrac{1}{3}\%K_t$

4. $\%J = 3\%-2\%K$

式中：C_t為當日收盤價。

　　　　L_n為n日內最低價。

　　　　H_n為n日內最高價。

　　　　$\%K_{(t-1)}$為昨日之$\%K$值。

　　　　$\%D_{(t-1)}$為昨日之$\%D$值。

　　　　RSV_t為計算日未成熟隨機值。

　　　　$\%J$為$\%K$與$\%D$的乖離度。

　　n為時間參數，一般取用9天；$\%K$、$\%D$值之原始值可取50或用當日RSV值代替。

　　如果用隨機指數來研判大勢，只須將上述公式中的收盤價、最高價、最低價改為收盤指數、最高指數、最低指數即可。

二、隨機指數的運用

　　隨機指數主要是運用$\%K$、$\%D$值兩條曲線之間的關係來分析證券行情的超買超賣現象、悖離走勢現象，從而顯示中、短期走勢的到頂、見底過程，發出買賣信號。

　　㈠ 超買超賣研判

　　一般認為，當$\%K$值大於80，$\%D$值大於70時，表示當前收盤價處於偏高的價格區內，市場呈超買態勢；當％K值小於20，％D值小於30時，表示當前收盤價處於偏低的價格區域內，市場呈超賣態勢。當％D值跌到15甚至10以下時，意味著市場呈嚴重的超賣狀態，為買入信號；當％D值漲到85甚至90以上時，意味著市場呈嚴重的超買狀態，為賣出信號。

㈡ 悖離研判

證券行情的走勢一波高於一波，而隨機指數曲線卻一波低於一波；或證券行情的走勢一波低於一波，而隨機指數的曲線卻一波高於一波，這就是悖離現象。前者稱為跌悖離，後者稱為漲悖離。悖離現象的出現意味著市場的中短期趨勢將要發生轉變，即市場中短期行情已到頂或見底。這時，如果％K線％D線發生交叉，且％D線掉頭轉向明顯，方為真正的買賣信號。

㈢ 交叉突破研判

當％K線居於％D線上方時，表明當前的市場行情趨勢是向上漲升的，因此當％K線由下往上穿破％D線時，是買進的信號，如果這一現象發生在底部（％D值小於30），其買進信號更為準確；當％D線居於％K線之上，表明當前的市場行情走勢是向下滑落的。因此，當％K線從上方向下跌破％D線時，是賣出信號，如果這一現象發生在頂部（％D值大於70），其賣出信號更為可信。

㈣ %K線形態研判

當%K線坡度漸小趨於平緩時，為短期轉勢的警告信號。

㈤ %J線研判

%J值為%K線與%D線的最大乖離程度，它具有先於KD值預見證券行情頭部和底部的功能。當%J值超過100時，為超買信號；%J值小於10時為超賣信號，從而為%K與%D線發生交叉後是否應該採取買賣行為提供判斷依據。

三、評價

隨機指數在設計中綜合了動量觀念、強弱指數和移動平均線的一些優點。它透過研究收盤價與最高價、最低價之間的關係，亦即透過計算既定期間內的收盤價、最高價、最低價等價格波動的幅度，反應證券行情變動趨勢的強弱特徵及超買超賣現象。同時，隨機指數在設計中還充分考慮了證券價格波動的隨機震幅和中、短期波動的測算，使其短期預測市場信號比移動平均線更準確、更可信；在預測市場短期超買超賣方面，又比相對強弱指數靈敏。因此，在波動較大的證券市場中，隨機指數作為中、短期技術分析指標，確為實用有效。但隨機指數一般只適用中、短期市場行為的研判，對長期趨勢的預測作用不大；對發行量較小、交易量不大的證券行情的分析一般也無用武之地。特別是在極強勢或極弱勢的市場狀態中，%K、%D進入頂部或是到達底部後，常常發生徘徊現象，而證券價格卻繼續原有趨勢，這時，隨機指數發出的買賣信號，其參考的價值就不大。此外當%K線、%D線在50左右發生交叉突破，且市場行情走勢又呈牛皮盤整時，隨機指數的買賣信號也是無效的。事實上，投資者在%K值大於80時買進不見得會賠錢；在%K值低於20時放空亦有可能賺錢。因此，投資者在實際操作過程中，不能機械地套用理論上的研判法則，應運用各種指標進行綜合分析與判斷，方可做出較為科學的投資決策。

隨機指數實例見12-2

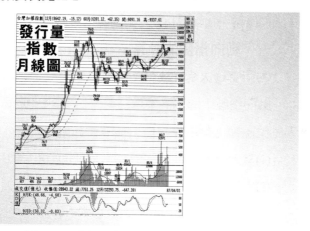

圖12-2　大盤K線、KD線走勢圖

第三節　動向指數（DMI）

動向指數（Directional Movement Index，簡稱DMI）是技術

分析大師威爾斯‧威爾德（J.Welles Wilder）發明的，用於研判價格趨勢最重要的技術指標之一。其基本原理是透過分析證券價格在漲升和跌落過程中買賣雙方力量的均衡點，即買賣雙方的力量對比關係受證券價格變動的影響而遵循由均衡——失衡——均衡這樣一種連續循環的軌跡向前發展，據此對證券行情變動的趨勢提供研判依據。動向指數在圖形上由上升指標線（＋DI）、下降指標線（‑DI）和平均動向指數線（ADX）等三條曲線所組成。三條線均應設定一定的天數，採樣天數過多，指數擺動較為平滑；採樣天數過少，指數擺動又過於敏感，通常以14天作為運算的時間參數。

一、動向指數的計算

㈠ 計算當天真實波幅（TR）

動向指數中的真實波幅通常是將下列三種價差絕對值最大者作為當日真實波幅。

(1)當天最高價與當天最低價之間的價差（X）；

(2)當天最低價與昨天收盤價之間的價差（Y）；

(3)當天最高價與昨天收盤價之間的價差（Z）；

用公式 表示如下：

TR＝Max{X、Y、Z}

㈡ 計算當天動向值

當日動向值分上升動向（＋DM）、下降動向（—MD）和無動向（ZDM）三種情況，每天的當天動向值只能是三種情況中的一種。

1. 上升動向（＋DM）

上升動向值為當天最高價高於昨天最高價的部分，其條件是上升動向值必須大於當天最低價與昨天最低價之前的絕對值，如若不具備這一條件，上升動向值則取零，即＋MD＝0。以下兩種情況都確認為呈上升動向（見圖12-3、12-4）。

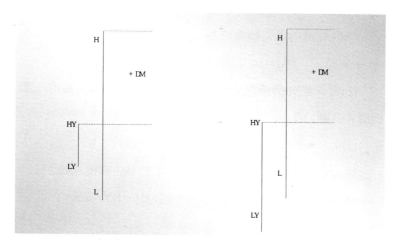

圖12-3   圖12-4

2. 下降動向（－DM）

下降動向值為當天最低價低於昨天最低價的部分，其條件是下降動向值必須大於當天最高價減去昨天最高價的絕對值，如若不具備這一條件，下降動向值則取零，即－DM＝

0。以下兩種情況都確認呈下降動向（見圖12-5、12-6）

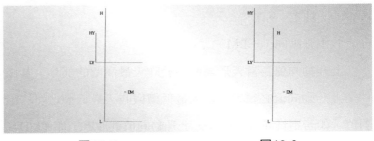

圖12-5   圖12-6

3. 無動向（ZDM）

無動向是指當天動向值為 "零" 的情形，即當天的＋DM ＝0，同時，－DM＝0。以下兩種情況確認為呈無動向：

(1)當天最高價低於昨天最高價且當天最低價高於昨天最低價（見圖12-7）

(2)上升動向值與下降動向值相等（見圖12-8）

以上三種當天動向值的情況，可用數學語言描述如下：

+DM＝H－HY，當H－HY＞0，同時H－HY＜LY－L；

+DM＝0，其他

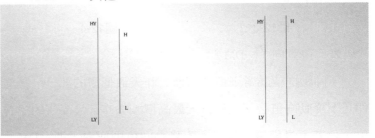

圖12-7   圖12-8

$-DM=LY-L$，當$LY-L>0$，同時$LY-L>H-HY$；

$-DM=0$，其他

式中：HY為昨天最高價。

LY為昨天最低價。

H為當天最高價。

L為當天最低價。

㈢ 計算14日的TR、+DM和-DM

(1)當天TR_{14}＝昨天TR_{14}－（昨天$TR_{14}/14$）+當天TR

(2)當天$+DM_{14}$＝昨天$+DM_{14}$－（昨天$+DM_{14}/14$）+當天+DM

(3)當天$-DM_{14}$＝昨天$-DM_{14}$－（昨天$-DM_{14}/14$)+當天-DM

不難看出，14日的TR即TR_{14}為14天的TR之累計，同樣，14日DM即DM_{14}為14天的DM之累計。

㈣ 計算14日上升動向指數和下降動向指數

$$(1)+DI_{14}=\frac{+DM_{14}}{TR_{14}}$$

$$(2)-DI_{14}=\frac{-DM_{14}}{TR_{14}}$$

㈤ 計算動向指數（DX）

$$DX=\frac{(+DM_{14})-(-DI_{14})}{(+TR_{14})+(-DI_{14})}\times100\%$$

㈥ 計算平均動向指數（ADX）

$$ADX=\frac{DX_1+DX_2+\cdots\cdots+DX_{14}}{14}$$

上述＋DI、－DI和ADX三個重要數值的變動區間均為0～

100。將每天計算出來的＋DI、－DI、ADX的數值標在同一座標上，並分別逐日連接起來，從而形成三條曲線，用以研判市場態勢。如果利用DMI來研判大勢，只需將公式中的收盤價、最高價、最低價改為收盤指數、最高指數、最低指數即可。

二、動向指數的應用

㈠ 買賣信號的研判

1. 當市場行情創出新高時，在圖形上＋DI可向上延伸，－DI則向下滑落。因此，當＋DI曲線上升並且穿過－DI曲線時，表示市場有新的多頭加入為買進信號。

2. 當市場行情出現新低時，在圖形上＋DI下降，－DI向上延伸。因此，當－DI曲線向上穿過＋DI曲線時，表示空頭占據優勢，沽售壓力大，為賣出信號。

㈡ 市場態勢研判

1. 市場趨勢研判 當市場行情每日曲線非常明顯地朝某一方向延伸時，無論是向下延伸還是向上延伸，ADX線都會向上爬升。換言之，當ADX線持續高於前一日時，我們可以斷定此時市場行情仍在維護原有趨勢，即市場行情或持續上漲，或持續下跌。

2. 市場盤整研判 當市場行情呈橫行整理時，價格新高或新低頻繁出現，＋DI線與－DI線之間的乖離度愈來愈小，

ADX線會隨之向下延伸。當ADX滑落至20這一橫線之下方後出現橫向延伸時可以判斷市場呈牛皮盤整態勢。這時，投資者應持觀望態度，切忌依＋DI、－DI所發出的買賣信號出入證券市場。

3. 市場行情轉勢研判　當ADX線向上延伸到達頂部隨即掉頭向下滑落時，意味著原有趨勢即將反轉，也就是原有的漲勢將反轉為跌勢，原有的跌勢則反轉為漲勢。這時，＋DI線與－DI線之間的距離會逐漸縮小甚或出現交叉。ADX在頂部反轉無明確的數量界定標準，通常認為ADX在50以上轉跌較為可信。研判時，ADX線掉頭向下即為下勢見底或到頂之信號。

三、評價

證券市場任何技術分析指標都有其優點與缺點，動向指數也不例外，在運用方面，由於其本身屬於一個趨勢判斷的系統，因此，動向指數受到市場行情趨勢是否明顯的限制。如果市場行情的變動非常明顯地趨向於某一個方向，投資者根據DI所發出的信號買賣證券其績效是毋庸置疑的。但如果行情處於牛皮盤整狀態時，DI的買賣信號則應視為無效。此外，動向指數的計算比較繁瑣，手工計算難度較大。

動向指數的實例見圖12-9。

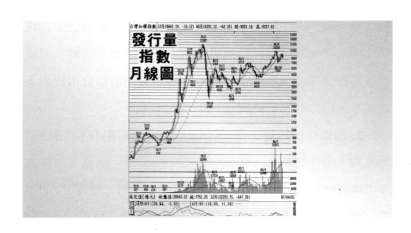

圖12-9大盤K線、DMI走勢圖

第四節　動量指標（MTM）

　　動量，可以用一個簡單的物理試驗來加以解釋：將一個球拋向空中，開始時球上升的速度較快，這是因為其所含的動量大；當球距地面達到一定高度時，球速便會逐漸減緩，最後完全停止上升，並因其本身的重量反轉下跌，這是因為其上升動量在球拋向空中一定時點之後，會逐漸減少以至最後完全喪失。證券市場行情的波動也有類似的情形，動量指標（MOMENTOMINDEX）就是以證券價格過程中的各種加速、減速、慣性及行情由靜到動或由動到靜等現象為研究內容，其基礎是證券價格與證券供需量的關係。證券價格的漲幅隨著時間的推移，必然日趨變小，變化的速度動量慢慢減緩，行情便將反轉。反之，證券價格的跌幅伴隨時間的延長，也必然日漸縮小，下跌的速度動量逐漸減慢，從而顯示行情將轉跌為漲。動量指標就是這樣透過計算證券價格波動的速度，確認證券行情到達強勢頂部和進入弱勢谷底的時機，由此成為投資者較為歡迎的一種預測市場工具。

一、動量指標的計算

動量指標的計算，是按一定的時間間隔，連續地採集價格行情變化的數值。例如，如果要計算10日的動量指標，則簡單地以當日的收盤價減去10日前的收盤價即可。其結果分為正值或負值這兩種情況，如若是正值就標在零橫軸線的上方；反之，如若是負值就標在零橫軸的下方，將連續計算得到的結果用曲線平滑地連接起來便為動量指標曲線。

動量指標的計算公式是：

MTM＝V－Vn

式中：V為計算日收盤價。

Vn為前一日收盤價。

n為時間參數，一般取10天，也可在6日至14日之間選擇。

動量指標的中軸為零橫軸線。

動量指標還有另一表現形式，即用一定時間間隔的價格比表示，又被稱之為震盪量指數（OSC）。計算公式為：

$$OSC = \frac{V}{V_n} \times 100 \text{（符號涵義同上）}$$

計算出的結果在100上下。在製作圖形時，即以100為中心橫軸。如果計算日的收盤價大於10天前的收盤價，則OSC曲線就居於100橫軸的上方；如果計算日的收盤價低於10天前的收盤價，那OSC曲線就處於100橫軸的下方。

OSC曲線的功能及研判與MTM曲線一樣。

如果用MTM研判大勢，只需將公式中的收盤價改為收盤指數。

二、動量指標的應用

㈠ 證券價格升降速度的研判

投資者透過一定期間內前後兩端的價格之差建立MTM曲線，目的在於研判行情上漲或下跌的速度。若證券行情上漲，且MTM曲線居於零橫軸線上方也逐漸向上延伸，這就表明證券價格上漲的趨勢正在加速。如果10日MTM曲線由向上延伸轉為橫行，則表明當前證券價格的上漲幅度與10日前的漲幅大體一致。儘管價格仍在上升，但上升的速度已趨於平穩。如果MTM曲線開始自上向零橫軸線回落，表明此時證券價格雖然仍是上升的，但其速度正在逐漸減慢，上升趨勢的動量日趨衰退。一旦10日MTM曲線向下跌破零橫軸線，說明近來的證券收盤價低於10天前的收盤價，反應出近期的證券行情是下降的。如果MTM曲線繼續向下延伸而遠離零橫軸線時，則意味著證券價格下降的動量日趨增大。僅當MTM曲線重新由下降轉為上升時，才能確認證券價格下降趨勢開始放慢。

動量指標顯示的是一定時間間隔兩端的收盤價之差。如果10天MTM曲線向上延伸，那麼就表明當前證券收盤價格的漲幅（跌幅）肯定超過（小於）10天前的漲幅（跌幅）。如果10日MTM曲線平行延伸，則表明當前證券收盤價格的漲幅（跌幅）與10天前的漲幅（跌幅）持平。如果10天MTM曲線向下延伸則意味著當前證券收盤價的漲幅（跌幅）小於（大於）10天前的漲幅（跌幅）。這就是動力指數能測定當前證券價格趨勢加速或減速的道理。

㈡ 悖離研判

證券行情在上漲過程中創出新的高點，而MTM曲線未能配合上升，出現頂悖離現象，表明證券價格上漲動量減弱，此時應慎防行情反轉下跌；如果證券價格在下跌過程中出現新低點，但MTM曲線並未配合下降，這便是底悖離現象，意味著證券價格下跌動量減弱，此時，投資者應注意逢低吸納。

㈢ 行情反彈或回檔研判

如果每日行情曲線與MTM曲線在低位同步上揚，表明短期內將出現反彈行情；如果每日行情曲線與MTM曲線在高位同步下降，則顯示在短期內可能出現回檔行情。做短線投資者應據此把握住逢高出脫、逢低吸納的機會。

㈣ 買賣信號研判

不少技術分析者認為，MTM由上向下延伸跌破0橫軸線時為賣出機會；反之，MTM由下向上延伸穿破零橫軸線時為買入時機。如果將動量值進行移動平均，並利用快慢速動量值移動平均線的交叉關係來研判買賣時機，則更為有效。在選擇設定10日動量值移動平均線的情況下，當MTM在零橫軸線上方，由上向下跌穿平均線為賣出信號；反之，當MTM在零橫軸線下方由下向上延伸突破平均線時，為買入信號。

㈤ 超前研判

動量指標的內涵，使其曲線的延伸變化總是超前於證券行情的變化，它通常比證券行情的變化領先幾天。當MTM曲線到達反轉點時，每日證券價格曲線仍按原方向發展，只有當MTM曲線已經反向延伸時，證券每日價格曲線才到達轉折點。

三、評價

動量指標主要用來探求證券行情的變動情況。在物理學上，相當於尋求物體本身的動速（加速或減速），從而得以了解物體的運動情況。動量指標的功能也如此，它透過計算證券價格變化的運動速度，提示證券行情的發展方向，從而發出最佳的買入、賣出信號。但光用動量指標來分析研究評判行情的變化，顯得過於簡單，特別是當MTM曲線在零橫軸線的上下方反覆穿梭時，會頻繁地發出買賣信號，造成投資者疲於進出。所以，這時投資者不能僅僅依靠MTM曲線所發出的買賣信號進行實際操作，而必須同時運用其他技術指標，如移動平均線等進行綜合分析與判斷，只有這樣，才能取得良好的投資績效。

MTM的實例見圖12-10

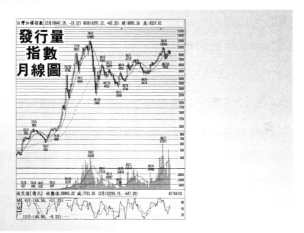

圖12-10　大盤MTM走勢圖

第五節　拋物線轉向系統（SAR）

拋物線轉向系統（Stop And Reverse縮寫為SAR）又稱停損點轉向操作系統。由於組成SAR線的點是以弧形的方式移動，故名之為"拋物線指標"，它是利用拋物線原理隨時調整停損點位置的一種技術工具。

一、SAR的計算

(一) SAR的計算步驟

第一、選定一段交易時間，判斷其行情為上漲或下跌。

第二、如果行情是漲升的，則第一天的SAR值為近期內的最低價；反之，如果行情是趨跌的，則第一天的SAR值為近期內的最高價。

第三、在行情漲升的情況下，第二天的SAR值為第一天SAR值加上第一天的最高價與第一天的SAR值之差乘以調整係數；在行情趨跌的情況下，第二天的SAR值為第一天的SAR值加上第一天SAR值與第一天的最低價之差乘以調整係數；

第四、以此類推，可以求出以後各天的SAR值。

(二) SAR的計算公式

$SAR(n) = SAR_{(n-1)} + AF[H_{n-1} - SAR_{(n-1)}]$

式中：$SAR(n)$為第n天的SAR值；

$SAR_{(n-1)}$為第n-1天的SAR值；

H_{n-1}為第n-1天的極點價；

AF為調整係數。

所謂"極點價"是指最近數日的最高價或最低價,若是行情看漲,H則取最高價;若是行情看跌,H取最低價。

調整係數(AF)第一次取0.02,如果第n天的最高價比第n-1天的最高價還高,AF則每次累進0.02,若無新高,AF則沿用前一天的數值。但AF最高不能超過0.2;反之,行情看跌,AF的取值也以此類推。

在行情看漲的情況下,如果計算出的SAR值比當日或前一日的最低價高,則應以當日或前一日的最低價為某日之SAR;在行情看跌的情況下,如果計算出的SAR值低於當日或前一日的最高價,則應以當日或前一日最高價為該日的SAR值。

現假設,第4天的最高價為52.50元,第5天的最高價為53元,第6天的最高價為53.50元,第7天至第11天的最高價分別為54元、54.50元、55元、55.50元、58元。並假定某投資者於第4天入市,SAR極點價定為50元。則SAR值計算如下:

$SAR_5 = 50 + 0.02 (52.50 - 50.00) = 50.05$

$SAR_6 = 50.05 + 0.04 (53.00 - 50.05) = 50.17$

$SAR_7 = 50.17 + 0.06 (53.50 - 50.17) = 50.37$

$\cdots\cdots\cdots\cdots\cdots\cdots\cdots\cdots\cdots\cdots$

$SAR_{12} = 52.08 + 0.16 (58.00 - 52.08) = 53.03$

如果利用SAR研判大勢只需將公式中的最高價、最低價改為最高指數、最低指數即可。

二、SAR的應用

1. 每日行情曲線在SAR曲線上方時，為多頭市場；

2. 每日行情曲線在SAR曲線下方時，為空頭市場；

3. 每日行情曲線自上向下延伸跌穿SAR曲線時，為賣出信號。

4. 每日行情曲線自下向上延伸突破SAR曲線時為買進信號。

三、評價

SAR買賣信號明確，依信號出入股市，操作簡單，同時，SAR與實際價格、時間長短關係密切，能適應不同形態行情波動之特性。但SAR的計算與繪製比較複雜，特別是在市場處於牛皮盤整期間，會頻繁發出買賣信號，失誤的機率較高。

SAR的實例見圖12-11。

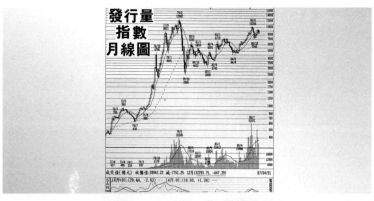

圖12-11 大盤SAR走勢圖

第六節　威廉指數（%R）

威廉指數是拉瑞‧威廉（Larry William）在其1973年出版的《我如何賺取百萬美元》一書中創立的，原名為“威廉氏超買超賣指標”，簡稱“WMS%”或“%R”。它是利用證券行市的擺動點來研判證券市場的超買超賣現象，預測循環期內可能出現的高點或低點，從而提出有效的出、入股市信號。%R是著重研究證券市場短期行情變動方向的一種技術指標。

一、威廉指數的計算

其計算公式如下：

$$\%R = 100 - \frac{(C - Ln)}{(Hn - Ln)} \times 100$$

式中：C為計算日收盤價。

　　　　Ln為n日內最低價。

　　　　Hn為n日內最高價。

　　　　n為周期日數。

n的取值一般為一個買賣循環期的半數。歐美技術分析師一般認為一個買賣循環期為28天扣除周六與周日，實際交易時間為20天。而在一個較長的買賣循環期56天內，交易時間為40天，因而%R的周期日數n通常取20天與40天之半數，亦即10日%R或20日%R，也有取5天作為周期日數的。分析者如果要利用%R來研判大勢，只需將公式中的收盤價、最低價、最高價改為收盤指數、最低指數、最高指數即可。

二、威廉指數的運用

威廉指數的數值在0～100之間變動，其數值愈小，表明市場買力愈強，市場惜售氣氛濃；反之，其數值愈大，則表明市場賣壓愈大，市場買氣薄弱投資者應用威廉指數研判證券行市時，應遵循如下準則：

1. 當威廉指數的%R的數值低於20時，表明市場處於超買狀態，行情即將見頂，所以，20這一橫線稱之為"賣出線"。

2. 當威廉指數的%R的數值高於80時，表明市場處於超賣態勢，行情即將見底，所以， 80這一橫線，稱之為"買進線"。

3. 當威廉指數曲線從超賣區向上延伸時，表示證券行情下跌的趨勢可能發生轉變，若是向上穿破了50中軸線，則意味著市場行情趨勢已經發生改變即由弱勢轉為強勢，這是投資者入市的時機。

4. 當威廉指數曲線從超買區向下延伸並跌穿50中軸時，表明市場已由強勢轉為弱勢，這是投資者出市的時機。

5. 對證券市場而言，超賣後還可再超賣，超買後也可再超買。所以，當威廉指數進入超賣或超買區域後，證券行市的基本趨勢並不一定馬上發生轉變。只有當跌破賣出線或升穿買進線時，威廉指數%R才能發出較為可信的買賣信號。

6. 當威廉指數曲線向上突破或向下跌穿50中軸線時，可以確認相對強弱指數所發出的買賣信號是否可信。

三、評價

威廉指數屬於研究證券行情波幅的技術指標，它從研究證券行情波動幅度出發，透過分析證券交易周期內最高價、最底價與收盤價之間的關係，反應證券市場的買賣氣勢。其反應的結果既有穩定性又具有一定的敏感性，所以，使用威廉指數作為預測證券市場價格走勢的工具，既不容易錯過大行情，也不容易在高位套牢。但由於該指數具有敏感性的特徵，投資者在操作過程中，如完全按其買賣信號而出入股市未免過於頻繁。因此，在實際操作中，投資者最好能結合相對強弱指數等較為平穩的技術指標一起研判，以發揮其互補作用，從而得出對證券市場價格變動基本趨勢較為準確的判斷。

威廉指數實例見圖12-12

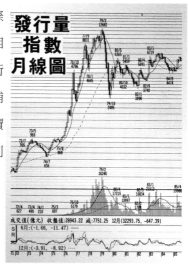

圖12-12　大盤SR走勢圖

複習思考題：

1. 相對強弱指數有何功用？

2. 相對強弱指數有何優點與缺點？

3. 隨機指數的涵義是什麼？

4. 運用隨機指數應遵循哪些法則？

5. 何謂動向指數？其理論依據是什麼？

6. 動向指數有何功能？

7. 威廉指數有何功能？

8. 何謂威廉指數？如何運用？

9. 試評威廉指數。

10. 動量指標的涵義是什麼？如何運用？

11. 動量指標有哪兩種表示方法？

12. SAR有何功效？其優缺點有哪些？

第十三章　量的技術指標

　　量的技術指標對於衡量證券投資價格和走勢有著非常重要的作用，我們在分析了價的技術指標後，不能忽視量的技術指標的作用，因為量價之間存在著不可分割的內在聯繫，在分析證券投資行情變化趨勢時，很有必要將價格走勢和成交量的變化相互配合地分析，才能較為準確地判斷行情。量的技術指標較多，本章將主要介紹能量潮、成交量比率，指數點成交值和逆時鐘曲線。

第一節　　能量潮（OBV）

一、能量潮及其計算

　　所謂能量潮又稱成交量淨額法（On Balance Volume, OBV）主要是運用成交量累計數來分析判斷證券市場上人氣是收集還是派發，並從股價變動與成交量增減之間的關係來判斷成交量能否足夠推動股價持續上漲的一種分析方法。該分析方法最早是由證券分析技術專家葛蘭彼在1963年提出的，經過30多年的實踐，已充分證明了此方法的重要性。

　　㈠ 收集與派發

　　既然能量潮是判斷證券市場上人氣收集還是派發，並以此來研判證券行情的，因此，我們必須首先了解收集與派發的基本涵義。

收集是指證券市場上的大戶作手暗地裏在市場內逢低進貨、逢高出貨。在大戶本身尚未買進足夠的籌碼之前，大戶一邊出貨打壓行情，一邊暗地買進，出少進多而不讓行情上漲，等到大戶把握有相當籌碼以後，即"收集"完成以後，大戶才開始大力買進以促使行情大幅上漲。派發是指證券市場上的大戶作手暗地裏逢高賣出、逢低買進。此時出多進少，在大戶手頭上的籌碼出脫得差不多時，才一古腦大力殺出，以求獲利。由上述介紹可見，收集與派發幾乎都是在暗地裏進行，而能量潮理論就是透過價格變動與成交量增減之間的關係，推測市場上的收集階段或派發階段，以便採取相對應的措施。

㈡ 能量潮的計算

OBV的計算是以當日的收盤價和成交量為依據的。當今日收盤價較上一交易日收盤價高時，今日的成交量為"正值"；當今日收盤價較上一交易日低時，今日的成交量即為"負值"。OBV數值相加即成為今日新的OBV數值。

計算詳見表13-1

表13-1　　　　　OBV值計算表

日期	收盤價	成交量	OBV值
930506	25.3		
930507	25.8	2101	2101
930510	25.1	-1401	691
930511	24.7	-1645	-954
930512	25.35	1406	452
930513	26.30	1585	2037
930514	26.40	1197	3234
930517	25.5	-4494	-1260
930518	25.6	3700	2440
930519	25.35	-2597	-157
930520	24.9	-3207	-3364
930521	24.6	-5652	-9016

即

1. 若今日收盤價高於上一交易日收盤價，則今日OBV值
＝上一交易日OBV值＋今日成交量

2. 若今日收盤價低於上一交易日收盤價，則今日OBV值
＝上一交易日OBV值－今日成交量

二、能量潮的應用

㈠ 慣性法則和重力原理

從力的角度來分析，OBV線方法就是把成交量看作股價漲跌的能量，慣性法則是技術分析研判的基本方法，重力原理則解釋能量潮配合的問題。

慣性法則是從事物靜與動的關係來分析證券行情的。常言說：「動者則恆動，靜者則恆靜。」是對慣性法則的形象表述。有些證券特別是股票在某段期間內成交活躍，是主要的爭購對象，往後受寵的因素或條件消失不再為投資者注目，成交自然漸趨平淡；有些冷門證券則主要是股票因符合某些條件而逐漸成為作手哄抬被投資者注目，交投自然活躍起來。

重大原理則是以物體自然落下和上升運動角度來分析證券行情。一般來講上升的物體遲早會下跌，物體上升所需要的能源比下跌更多。此原理本意在解釋股價上升時，成交量必然增加，但不一定成正比。上升時的成交量如同雪球由高處向低處滑落一樣，愈滾愈大。股價下跌時，成交量不一定擴大，甚至在萎縮趨勢，如同雪球由低處向高處推動一樣，愈推愈小。

㈡ OBV與行情趨勢變動原則

1. 當OBV線由跌勢轉為上升時，表示買方的相對優勢逐漸加強，此時投資者若不買進，則將來股價上升，會使投資者的購買成本上升。

2. 當OBV線上升而股價下跌時，表示價格較低，市場逢低承接意願比較強，此時是買進信號。

3. 當OBV線暴漲時，是賣出信號，這是因為買方已全力買進，而再無力購買，必須立即賣出。

4. 當OBV線由上升轉為下跌時，表示買方的購買力量已經逐漸減弱，是賣出信號。

5. 當OBV線下降而股價上漲時，表示市場追高意願轉弱，此時應賣出。

6. 當OBV線暴跌時，是買進信號。這是因為會出現賣方回補現象，所以必須立即買進。

㈢ OBV線與個股分析

個股的OBV線以價格上漲日的成交量為正數，而價格下跌日的成交量為負數，加以累計，就可以做出買進或賣出股票的判斷。但是對於OBV的運用，除了看它的正負變化外，還要看它與股價趨勢是否配合。例如，股價雖然是上漲，但OBV線上升趨於緩和或已逐漸向下挫低時，表示成交量的配合不足以使股價上升或就此下跌。有時，股價走勢仍是盤檔。但OBV線已開始逐步上揚，雖然量已注入，即將產生發動另一段行情的能源，這是及早買進的信號。

㈣ OBV與M頭

常用的通則是判斷股價波動趨勢形成所謂的M，當股價在高價可能形成兩個高峰的趨勢，但第二高峰尚未確定時，技術分析主要是研究判斷股價趨勢是否能持續上漲，還是後繼無力或即將反轉形成一段下跌行情。在此時，OBV線發揮決定性作用。也就是說，如果OBV線隨著股價趨勢同步上升，能量潮相互配合將會不斷出新高峰。反之如果此時OBV線無力上揚，成交量反見萎縮，則容易形成M頭，股價開始下跌。

㈤ OBV線與收集、派發信號

一般技術分析專家認為，僅僅觀察OBV線的升降，並無意義，關鍵是將OBV線與圖表走勢相配合，才是實質性判斷作用。一般情況下，市場價格的走向趨勢，或多或少與成交量的變化有關係，此時OBV線的曲線則呈現與價格趨向幾乎平行的移動，這種情況並無特別意義；當OBV線曲線與價格趨勢出現悖離走勢時，則可用以辨別日前市場內處於進貨還是出貨狀況：如果價格輕微下跌，OBV線繼續上升，則大戶可能正在收集籌碼，即暗地進貨；如價格上漲，OBV線繼續下降，則大戶可能正在進行賣出動作，即暗地出貨。

三、對能量潮的評價

㈠ OBV的優點

一般來說，OBV線的最大用處，在於觀察股市經過一段時期盤局整理後，股價何時脫離盤局以及突破。股票價格升降配合OBV的走勢，可以局部顯示出市場內部主要資金的移動方向。由於在大部分情況下，這資金的流轉是在不動聲色的情況下產生的，所以一般投資者是毫無察覺的。OBV雖然不能夠顯示主要資金轉移的原因，但卻能顯示不尋常的超額成交量是在低價位成交還是在高價位成交。這種顯示對於技術分析者來說是相當珍貴的，因為它可以幫助你領先一步深入研究市場內部價格變動的原因。

㈡ OBV的不足

1. OBV線的計算原理比較簡單，它提供的訊號，通常無法區別是否與隨機產生的突發性消息有關，一項突發性的謠傳消息，往往會使成交量有不尋常的變動。

2. OBV線的計算僅以收盤價的漲跌為依據，難免有失真現象。例如當天最高指數漲200點，但收盤時卻跌了40點，在這種特殊情況下，OBV的基本理論是不能完全反應實際情況的。因此有人提出試圖以需求指數來代替收盤價。所謂需求指數是指最高價、最低價與收盤價三個價位的平均值。

3. OBV線是短期操作技術的重要判斷方法，但難以判斷和分析證券市場的基本因素，因此適用範圍主要應用於短期操作，對長線投資不太適應。

4. 僅僅從OBV線有時難以反應股市的實質結構與人氣動

向改變。例如某日股市總成交值或股票成交量雖然很大,但當日股價變動也很大,最後加權股價指數或收盤價卻與前一日相同,此時,OBV線的累計數與前日相同,就這種線而言,表示這一日沒有什麼訊號,事實上並非如此。

第二節　成交量比率（VR）

成交量比率又稱容量比率（Volum Ratio, VR），是從透過分析股價上升日成交額與股價下降日成交額比值,從而掌握市場買賣氣勢的中期技術分析指標。主要適用於對個股分析,其理論基礎是"量價同步"及"量領先於價",以成交量的變化來確認低價和高價,從而確定買賣時機。

一、成交量比率（VR）的計算

$$VR = \frac{（n日內上升日成交額總和}{n日內下降日成交額總和）} \times 100\%$$

其中：n日為設定參數,一般設為n＝26日

$$即VR = \frac{26日內上升日成交額總和}{26日內下降日成交額總和} \times 100\%$$

二、成交量比率的運用

在實際的運用中,成交量比率運用法則主要總結歸納以

下幾點：

1. 將VR按數值大小劃分為四個區域，而在不同區域採取不同的操作方法：

(1)低價區域：一般當VR值為40%～70%時為低價區域，低價區域是投資者買入的大好時機。

(2)安全區域：一般將VR值在80%～150%為安全區。此時股票價格波動不大，是持有股票的時機。

(3)獲利區域：一般將VR值在160%～450%為獲利區域，此時根據市場情況進行買賣，獲得收益的可能性較大。

(4)警戒區域：一般將VR值超過450%時為警戒區域。此時股票價格一般達到了頂峰，應伺機賣出，以求平安。

2. 當成交額經萎縮後放大，而VR值也從低價區向上遞增時，行情可能開始啟動，是買進的時機。

3. 當VR值在低價區不斷增加，股價盤整時，可考慮伺機買進。

4. 當VR值升至安全區時，而股價盤整時，一般可以持股不賣。

5. 當VR值在獲利區增加，股價不斷上漲時，應把握時機售出。

6. 一般情況下，VR值在低價區的買入訊號可信度較高，但在獲利區的賣出時機要把握好，由於股價漲後可以再漲，在確定賣出之前，應與其他指標一起研判分析，再做出投資選擇。

三、對成交量比率的評價

(1)成交量比率的數值在低價區時，買入信號的可信度較高，但在高價區時，操作時的信號可信度往往有偏差，這時應與其他參數指標密切配合，進行綜合分析，做出投資選擇。

(2)成交量比率是領先指標，比漲跌比率更能準確地顯示整段走勢的高低點。

(3)成交量比率在股市狂漲或狂瀉時，無法進行操作，因為長時間的狂漲或狂瀉會使成交量比率公式中分子或分母為零，從而無法計算成交量比率。

總之，成交量比率作為一個量的參考指標，對股市投資按區域分析有一定的實際意義，但在具體運用中若能與其他指標密切配合會有較好的作用。

第三節　指數點成交值（TAPI）

一、指數點成交值的計算

指數點成交值（TAPI）是英文（Total Amount Weight Stock Price Index）的縮寫，意即："每一加權指數點的成交值"。其理論依據是基於成交量是股市發展的源泉，成交量值的變化會反應出股市購買股票的強弱程度及對未來股價的展望。簡言之：TAPI是探討每日成交值與指數間的關係。其計算公式如下：

$$TAPI = \frac{\text{該日成交總值}}{\text{該日股價加權指數}}$$

因為TAPI值變化幅度很大，最好與10日平均成交值對照作用。10日平均成交值是以10天變動為樣本，將最近10天的成交總值除以10所得。

二、指數點成交值的運用

(1)加權指數上漲，成交量遞增，TAPI值亦應遞增。若發生悖離走勢，即指數上漲，TAPI值下降，此時為賣出訊號，可逢高出脫或於次日獲利了結。

(2)在上漲過程中，股價的明顯轉折處若TAPI值異常縮小，是為向下反轉訊號，持股者應逢高賣出。

(3)加權指數下跌，TAPI值上揚，此為買進訊號，可逢低買進。

(4)在連續下跌中，股價明顯轉折處若TAPI值異常放大，是為向上反轉訊號，持股者可逢低分批買進。

(5)由空頭進入多頭市場時，TAPI值需超越110，並且能持續在110以上，方能確認漲勢。

(6)當TAPI值低於40以下是成交值探底時刻，為買進訊號。

(7)當TAPI值持續擴大至350以上時，表示股市交易過熱，隨時會回落，應逢高分批獲利了結。

(8)TAPI值隨加權股價指數創新高峰而隨之擴大，同時創新高點，是量價的配合。在多頭市場的最後一段上升行情中，加權股價指數若創新高峰，而TAPI水準已遠不如前段上升行情，此時呈現價量分離，有大幅回檔之可能。大勢在持續下跌一段時間，接近空頭市場尾聲時，TAPI值下降或創新低值的機會也就愈小。

三、對指數點成交值的評價

由於TAPI值沒有絕對的高低點，它只是提供股市人氣聚散的溫度計，不能單獨使用，需要與其他方法搭配，才能發揮其作用。建議與K線圖及成交量互相搭配，作為判斷大勢未來變動的指標之一。

第四節　逆時鐘曲線

一、逆時鐘曲線的原理

逆時鐘曲線是根據量價理論設計出來的分析方法，其原理是利用多頭市場和空頭市場各階段的股價與成交量變動的關係來確定市場供需力量的強弱，使投資者能正確掌握最佳的買賣時機。

二、逆時鐘曲線的繪製

(1)以數學的座標繪製逆時鐘方向曲線，垂直縱軸代表股價，水平橫軸代表成交量。

(2)周期參數：期間的長短，因個人操作不同而異。通常採用的期間為25日或30日。

(3)計算股價和成交量的簡單移動平均值，如採用25日的周期參數時，須計算其股價（或指數）的25日簡單移動價及成交量的25日簡單移動平均量。

(4)座標的垂直縱軸為移動平均價，水平橫軸為移動平均量，兩者的交叉點即為座標點，座標點間的連線是逆時鐘方向變動。如果我們以具體的方法說明，定Y軸為股價，X軸為成交額，且在圖表中記下25天的移動平均點。假設某一天25日的移動平均股價為加權指數312點，移動平均成交額為500萬股，我們就可以將之記錄在座標上，兩者相交於一點，如此每天記錄下交叉點，即可描繪出逆時鐘曲線。

三、逆時鐘曲線的運用

㈠ 逆時鐘曲線走勢局面

逆時鐘曲線走勢局面要有三種形式：上升局面（見下圖左）；下降局面（下圖中）；循環局面（下圖右）。

圖13-1

㈡ 逆時鐘八角圖

逆時鐘曲線可構成完整的八角形（見圖13-2）有八個階段的運用原則：

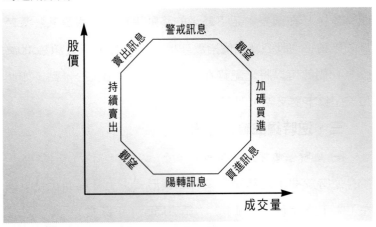

圖13-2　逆時鐘八角圖

1. 陽轉訊號

股價經一段跌勢後，下跌幅度小，甚至止跌轉穩，在低檔盤旋，成交量明顯的由萎縮而遞增，表示低檔接手轉強，此為陽轉訊號。

2. 買進訊號

成交量持續擴增，股價回升，量價同步走高，逆時鐘方向曲線由平平轉上或由左下方向右轉動時（圖13-2左），進入多頭位置，為最佳買進時機。

3. 加碼買進

成交量擴增至高水準後，維持於高檔後，不再急劇增加，但股價仍繼續漲升，此時逢股價回檔時，宜加碼買進。

4. 觀望

股價繼續上漲，漲勢趨緩，但成交量不再擴增，走勢開始有減退的跡象，此時價位已高，宜觀望，不宜再追高搶漲。

5. 警戒訊號

股價在高價區盤旋，已難再創新的高價，成交量無力擴增，甚至明顯減少，此為警戒信號，心理宜有賣出的準備，應出脫部分持股。

6. 賣出信號

股價從高檔滑落，成交量持續減少，量價同步下降，逆時鐘方向曲線的走勢由平轉下或右上方朝左轉動時（圖13-2左），進入空頭傾向，此時應賣出手中持股，甚至融券放空。

7. 持續賣出

此時行情下降快速，成交量萎縮至低水準，此時適逢反彈，宜出售手中所有股票。

8. 觀望

成交量開始遞增，股價雖下跌，但跌幅縮小，表示谷底已近，此時多頭不宜再往下追殺，空頭也不宜放空打壓，應伺機回補。

四、對逆時鐘曲線的評價

(1)逆時鐘曲線因採用移動平均價和移動平均量，雖移動平均線具有平滑的功能，但在本質上卻有落後股價本身被動的傾向。

(2)逆時鐘曲線除可表明量價關係外，還可提示投資者在適當的時機買進或賣出股票，並能告訴何時須保持觀望態度，尤其對確認底部特別有效。

(3)有時逆時鐘曲線並非呈現為八角圖形走勢，致使難以判定買賣點。

(4)逆時鐘曲線會產生虧小錢機會較多。投資者使用時，應有輸小錢贏大錢的心理準備。

所以使用逆時鐘方向曲線分析行情，研判買賣時機，須配合其他買賣指標，只准其作為輔助性的指標，用以研判大趨勢。這樣才能更好地發揮逆時鐘方向曲線的功能。

複習思考題：

1. 量的技術指標的重要性是什麼？

2. 能量潮的涵義及計算。

3. 能量潮應用中應注意哪些問題？

4. 成交量比率的意義及其計算。

5. 成交量比率的應用。

6. 指數點成交值的涵義及其計算。

7. 逆時鐘曲線的涵義是什麼？

第十四章 市場心理的技術指標

　　股價指數一般是採用加權平均法計算的，即以每種股票的每日收盤價乘以總股本，計算出股票的市價總值再除以基期的市價總值而得出。股價指數從整體上反應了一種趨勢，但是如果某天權值小的股票（即上市可轉讓股數較少的股票）漲升，而權值大的股票（即上市可轉讓股數較多的股票）下跌，股價指數不漲反跌。如果權值大的股票上揚而權值小的股票跌落，股價指數可能呈現上漲狀態。這樣股價指數所反應的現象就可能失真。為了解決這一矛盾，技術分析家們在充分運用價、量分析的基礎上，又發明了一種測量市場心理的技術指標。它是運用技術方法反應目前股價變動情形，心理趨勢與未來變動趨勢的技術指標。本章重點介紹心理線、超買超賣指標、騰落指數和漲跌比率。

第一節　心理線（PSY）

　　心理線是研究投資者的心理趨向，它是將一段時間內投資者趨向買方或賣方的心理與事實轉化為數值，從而進行分析判斷股價變動趨勢的一種人氣指標。

一、心理線的計算

心理線計算一般以12日為運算基礎，其計算公式為：

PSY＝12日內上漲的天數÷12×100%

應當說選定以12天為周期，主要是用於研究短期投資指標。在研究中長期投資指標時，一般以24日為周期。

二、心理線的運用

(1)心理線指標在25%～75%之間是合理變動範圍。

(2)超過75%或低於25%時，就有超買或超賣現象出現。當然在特殊情況下可以考慮調整超買或超賣點。特別是在多頭或空頭市場初期，可將超買或超賣點調整7至8個百分點。即調整83%～17%左右。待到行情尾聲時，再調回75%與25%。

(3)當一段上升行情展開之前，通常超賣現象的最低點一般出現兩次。同樣地當一段下跌行情展開之前，超買現象的最高點也會出現兩次。

(4)高點密集出現兩次為賣出時機，低點密集出現兩次為買進時機。

(5)當出現低於10%或高於90%時，是真正的超賣超買現象，行情反轉的機會較大，為買進或賣出時機。

(6)心理線和成交量比率（VR）配合使用，決定短期買賣點，可以找出每一波動的高低點。

(7)心理線和逆時鐘曲線配合使用，可提高準確度，明確指出頭部和底部。

三、對心理線的評價

(1)將心理線與K線圖相互對照，可從股價變動中了解超買或超賣的情形。

(2)心理線可以和VR配合使用，由於VR值在高價區變動相當大，可找出調整段漲跌幅的高峰區或谷底區。

(3)心理線和逆時鐘曲線配合使用，可觀察出股市看漲和看跌的人氣及資金聚集或分散的情形，明確指出股價頭部和底部。

(4)心理線只是描述大勢的高價或低價區位，但沒有明確的買賣信號。

(5)心理線採用的設計參數條件比較簡單，只考慮上漲與下跌兩個變量，無法充分反應股價行情的變化。當股價暴漲或暴跌時，漲跌天數不能迅速反應股價激烈震盪的情況，使得運用心理線預測有時會不準。

第二節　超買超賣指標（OBOS）

超買超賣指標主要用在衡量大勢漲跌氣勢，作為大勢分析指標它是利用在一段時期內股市漲跌家數的相關差異性來衡量判斷大勢的強弱及未來的走向，以作為判斷股市呈現超買超賣的參考指標。採樣統計一般設定為10日。

一、超買超賣指標的計算

OBOS＝10日內股票上漲累計家數－10日內股票下跌累計家數。

二、超買超賣指標的運用

(1)當超買超賣指標為正數時，市場處於上漲行情；反之，當超買超賣指標為負數時，市場處於下跌行情，這是運用超買超賣指標的基本規則。

(2)超買超賣指標與市場的大勢是有著緊密關係的，一般市場大勢變化之前，透過OBOS能顯示出來。所以稱OBOS是大勢的先行指標。

(3)超買超賣指標走勢與股票指數同樣是有關聯的。當前者與後者相悖離時，表示股價走勢即將反轉。

(4)運用超買超賣指標也可以與形態原理結合起來研究和運用，特別是當超買超賣指標在高檔走出M頭或低檔走出W底時，可按形態原理買進或賣出。

(5)當超買超賣指標達到一定正數值時，大勢處於超買階段，可選擇時機賣出；反之，當超買超賣指標達到一定負數值時，大勢處於超賣階段，可選擇時機買進。

三、對超買超賣指標的評價

(1)選擇買賣時機具有難以確定性。因OBOS值可正可負，但當為正值時達到多大絕對值是賣出時機或當為負值時達到多大絕對值是買進時機，是很難用絕對數字確定的。況且各市場上市家數情況不一，其可操作值是可變的。

(2)由於我國上市公司的家數不斷在增加，在使用超買超賣指標時必須將新增加的上市家數作為修正值考慮進去，這樣才具有較強的操作性。

(3)超買超賣指標反應的是股市的整體趨勢，對個別股票的走勢很難提出明確的提示，所以在應用時只能作為判斷大勢的參考指標，不能作為唯一指標。

第三節　騰落指數（ADL）

騰落指數是屬於趨勢分析的一種，它是利用簡單的加減法來計算每天各種股票漲跌累積情形，與大勢相互對照，反應當時股價變動情形與未來變動之趨向。

一、ADL計算

ADL＝當日股票上漲家數－當日股票下跌家數＋前一日ADL

二、ADL的運用

(1)加權股價指數持續下跌，並創新低點，騰落指數下降也創新低點，短期內大勢繼續下跌可能性大。

(2)加權股價指數持續上升，並創新高點，騰落指數上升，也創新高點，短期內大勢繼續上揚可能性較大。

(3)當騰落指數下降三天，反應大勢漲少跌多的情況持續，而股價指數卻連續上漲三天，這種不正常現象難以持久並且最後向下回跌一段可能性較大。（此種悖離現象是賣出信號，表示大勢隨時回檔。）

(4)當騰落指數上升三天，反應大勢漲多跌少的事實，而股價指數卻相反地連續下跌三天，這種不正常現象也難以持久，並且最後上漲的可能性較大（此種悖離現象是買進信號，表示大勢隨時會反彈或揚升。）

(5)ADL走勢與指數走勢有類似的結果，一般可以用趨勢線研判方式，以便了解其支撐之所在。

(6)高檔時M頭之形成與低檔W底之形成，乃賣出與買進之參考訊號。

(7)ADL因以股票家數為計算基準，不受權值大小影響，故在指數持平或小幅上揚而ADL下跌時，有對大勢反轉之先行表現，空頭市場轉多頭市場時亦然。

(8)股市處於空頭市場時，ADL是下降趨勢，期間如果突然出現上升現象，接著又回頭，下跌突破原先所創低點，則表示一段新的下跌趨勢產生。

(9)股市處於多頭市場時，ADL呈現上升趨勢，期間如果突然出現下跌現象，接著又回頭轉向上，創下新高點，則表示行情可能創下新高峰。

三、對騰落指數的評價

(1)它可以彌補股價指數的缺點。由於股價指數受權值大的股票所左右，有時會出現大多數股票上漲，而少數權值大的股票卻重跌。因此，大勢雖然呈漲多跌少的局面，而當日的股價指數卻下跌。這種現象給投資者錯覺，而騰落指數可以較真實地反應當日漲跌的情形。

(2)當大勢朝固定方向進行一段時間後，即將反轉上升或下跌時，騰落指數雖然可從個別股票漲跌家數的變化洞悉大勢將有所變化，但對個別股票卻沒有顯示買進賣出的時機。

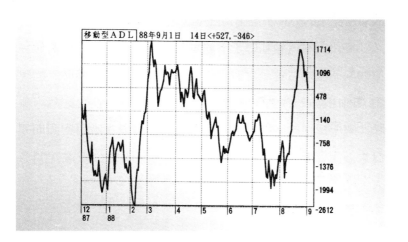

圖14-1 股價指數圖（騰落指數）

市場心理的技術指標

第四節 漲跌比率（ADR）

漲跌比率又稱回歸式的騰落指數。根據證券市場股價上下波幅大而且頻繁的特點，加上漲跌比率的震盪特點，漲跌比率是將一定時期內，股價上漲的股票家數與下跌的股票家數做一對比，求出其比率。

一、漲跌比率的計算方法：

$$漲跌比率（ADR）＝\frac{n日內上漲股票家數的移動合計}{n日內下跌股票家數的移動合計}$$

我們一般採用10個交易日個別股漲跌情形加以統計，代入漲跌比率的公式，求出10日漲跌比率。見圖14-2。

漲跌比率理論基礎是：鐘擺原理。由於股市的供需像鐘擺的兩個極端位置，當減少供應量時，會產生物極必反的現象，則往需求方向擺的拉力愈強，也愈急速；反之亦然。漲跌比率所採樣的時間，決定線路上下的震盪次數與空間期間愈大，上下震盪的空間愈小；反之，期間愈小震盪空間愈大。

二、漲跌比率的運用

(1)10日內漲跌比率的常態分布通常在0.5～1.5之間，而0.5以下或1.5以上則為非常態現象。

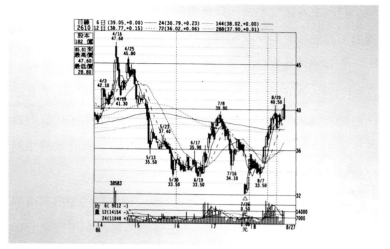

圖14-2 漲跌比率

(2)在大多頭、大空頭市場裏，常態分布的上限與下限將擴增至1.7以上與0.4以下。

(3)漲跌比率超過1.5時，表示股價長期上漲，已脫離常態，超買現象產生，股價容易回跌，是賣出信號；反之，漲跌比率低於0.5時，股價容易反彈，是買進信號。

(4)除了股價進入大多頭市場或展開第二段上升行情之初期，漲跌比率有機會出現2.0以上絕對超買數字外，其餘的次級上升行情在超過1.5時就是賣點。

(5)多頭市場的漲跌比率值，大多數時間維持在0.6～1.3之間（若是上升速度不快，只是盤整走勢時），超過1.3時應準備賣出，而低於0.6時，又可逢低買進。

(6)多頭市場低於0.5的現象極少，是極佳買點。

(7)對大勢而言，漲跌比率具有先行的警示作用，尤其是在短期反彈或回檔時，更能比圖形搶先出現徵兆。10日內漲跌比率的功能在於顯示股市買盤力量的強弱，進而推測短期行情可能出現反轉。

(8)漲跌比率如果不斷下降，低於0.75通常顯示短線買進機會已經來臨，在多頭市場如此。在空頭市場初期，通常暗示中期反彈即將出現，而在空頭市場末期，降至0.5以下時則為買進時機。

(9)漲跌比率下降至0.65之後，再回升至1.40，但無法突破1.40，則顯示上漲的氣勢不足。

(10)漲跌比率上衝過1.40時，暗示市場行情的上漲至少具有兩波以上的力量。

三、對漲跌比率的評價

(1)漲跌比率是運用一數值的結果，提醒投資者目前股市買氣是否過於旺盛而呈現超買現象，或股市一片賣聲，股價跌得過頭而呈現超賣現象，進而選定買進或賣出時機，它給投資者提示的買賣準確性較高。

(2)漲跌比率是一種判斷大勢未來趨勢指標，但對個別股票的強弱分析判斷需利用其他技術分析工具，如相對強弱指數、MACD等方法來輔助作為買賣的依據。

複習思考題：

1. 市場寬幅指標的重要性？

2. 超買超賣指標的涵義及計算？

3. 騰落指數的涵義及其計算？

4. 騰落指數的運用中應注意哪些問題？

5. 漲跌比率的涵義及其計算？

6. 對漲跌比率的評價。

小歇一會，心情放鬆一下！

小歇一會，心情放鬆一下！

小歇一會，心情放鬆一下！

小歇一會，心情放鬆一下！

小歇一會，心情放鬆一下！

小歇一會，心情放鬆一下！

小歇一會，心情放鬆一下！

國家圖書館出版品預行編目資料

股票技術分析操作寶典 / 陳進忠 著：林明德 編　　-- 初版 --
台北縣中和市：台灣實業文化　　　2004〔民93 〕
　　　　　面 ： 公分

　　　ISBN 957-480-787-8 (精裝)
　　　ISBN 986-7686-18-7 (平裝)
　　　　1.證券　2.投資

563.53　　　　　　　　　　　　　　　　91007027

精英投資 2

股票技術分析操作寶典

發 行 人	胡明威
作　　著	陳進忠
編　　著	林明德
執行編輯	華珮君
企劃印務	范揚松
行政祕書	高伊姿・莊文惠
出 版 者	台灣實業文化

　　　　　　台北縣 235 中和市中山路二段 350 號 5 樓
　　　　　　電話：（02）2245-2239　傳真：（02）2245-9154
　　　　　　http://www.hanshian.com.tw
　　　　　　E-mail:hanshian@mail.book4u.com.tw

郵政劃撥	戶名：漢湘文化事業股份有限公司 帳號：1697754-9
內文製版	俊昇印製廠有限公司
內文印刷	祥峰印刷事業有限公司
平 裝 本	定價 280 元 初版一刷 2004 年 4 月
精 裝 本	定價 350 元 初版一刷 2002 年 8 月・初版五刷 2004 年 4 月

中國大陸版權總代理◆成都漢湘文化數碼科技有限公司
http://www.book4u.com.cn
總經銷◆朝日文化事業有限公司
台北縣中和市橋安街 15 巷 1 號 7 樓
電話：(02)2248-7730　傳真：(02)2249-8715

漢湘文化事業股份有限公司
HAN SHIAN CULTURE PUBLISHING CORPORATION LTD.

讀者服務卡

謝謝您購買這本書。

為加強對讀者的服務，請您詳細填寫本卡各欄，寄回給我們（免貼郵票），您即可收到本公司的出版訊息。

購買地點/ _____ 縣市 _____ 書店

教育程度/□高中以下（含高中） □大專 □大學 □研究所（含以上）

職　　業/ _____ 職位別/ _____

請勾選您平常喜歡閱讀的書型種類/

　　　□資訊類 □文學類 □休閒運動類 □財經類 □其他 _____

您覺得本書封面及內文美工設計/

　　　□很好 □好 □差 □很差 □其他 _____

您對書籍的寫作是否有興趣？

　　　□沒有 □有

其他建議：

_____

_____

_____

_____

_____

姓　名： _____

性　別： _____ 男 _____ 女

生　日： _____ 年 _____ 月 _____ 日

電　話： （　　） _____

傳　真： （　　） _____

地　址： _____

漢湘文化事業股份有限公司　　收

HAN SHIAN CULTURE PUBLISHING CORPORATION LTD.

HAN SHIAN

台北縣235中和市中山路二段354號10樓

TEL:02-22452239　FAX:02-22459154

http://www.book4u.com.cn

寄件人地址：

姓名：

精英投資 ②

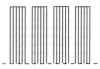

股票 技術分析

操作寶典

請沿虛線剪下對折寄回，謝謝！

信用卡傳真訂購單

訂購人資料

※為加速處理您的訂單，請務必將資料詳細填寫。

身分證字號：＿＿＿＿＿＿＿＿＿（必填）姓名：＿＿＿＿＿＿＿ 生 日： 年 月 日

收貨人姓名：＿＿＿＿＿＿＿ 手機：＿＿＿＿＿＿ 電話（日）：＿＿＿＿＿

收貨人地址：□□□＿＿＿＿＿＿＿＿＿＿＿ 電話（夜）：＿＿＿＿＿

發票：□二聯 □三聯式發票抬頭 統一編號：＿＿＿＿＿＿

商品訂購資料

	產品貨號	產品名稱	數量	單價	小 計
1					
2					
3					
4					
5					
6					
7					
8					
9					
10					

★ 1本～10本以下 = 原價
★ 10本以上（含第10本 = 85折）
★ 50本以上（含第50本 = 7折）
★ 如消費未滿1000元者請付運費60元

小 計：	
折 扣：	
運 費：	
總 計：	

付款方式

凡使用信用卡訂購者，請填寫此訂購單，完成後傳真至訂購專線：**(02) 22459154**

信用卡別：□ **VISA** □ **Master Card**

授權碼（請勿填寫此欄）

□ 運通卡 □ **JCB**

（無法受理大來卡）

信用卡號：＿＿＿＿＿＿＿＿＿

有效日期：＿＿＿月/西元＿＿＿年

持卡人簽名＿＿＿＿＿＿＿

（須與信用卡相同）

注意事項

· 客服中心確認收到客戶訂單後，您將於訂購日起7～10個工作天內收到商品（未上市之商品則以上市日起儘快安排出貨），逾十日若仍未收到請向本公司客服中心查詢。

· 此訂購單請放大後傳真回本公司。

24小時傳真熱線
傳真訂購：**(02)2245-9154**
訂單查詢：**(02)2245-2239**

台灣實業

Talk with books. Talk with life.

台灣實業

Talk with books. Talk with life.

台灣實業

Talk with books. Talk with life.

台灣實業

Talk with books. Talk with life.